BIANDIAN YUNWEI DIANXING WEIZHANG ANLIFENXI

变电运维典型违章案例分析

贺兴容　主　编
范　锫　李科峰　副主编

中国电力出版社
CHINA ELECTRIC POWER PRESS

内容提要

本书按照国家电网公司和国网四川省电力公司相关管理规定，对历年来发生的典型事故案例和典型违章案例进行了梳理和分析，深挖其发生的深层原因，并研究制定了针对性防范措施。

全书共分五章，分别为倒闸操作典型违章、工作许可及终结典型违章、设备验收典型违章、设备巡视典型违章、设备维护典型违章，共有19个典型违章案例、45个典型事故案例。

图书在版编目（CIP）数据

变电运维典型违章案例分析 / 贺兴容主编. —北京：中国电力出版社，2018.6（2022.8重印）
ISBN 978-7-5198-2010-7

Ⅰ.①变… Ⅱ.①贺… Ⅲ.①变电所－电力系统运行－案例②变电所－检修－案例 Ⅳ.① TM63

中国版本图书馆CIP数据核字(2018)第088933号

出版发行：中国电力出版社
地　　址：北京市东城区北京站西街19号（邮政编码100005）
网　　址：http://www.cepp.sgcc.com.cn
责任编辑：王春娟　周秋慧（010-63412627）
责任校对：常燕昆
装帧设计：赵姗姗
责任印制：石　雷

印　刷：三河市万龙印装有限公司
版　次：2018年6月第一版
印　次：2022年8月北京第三次印刷
开　本：710毫米×1000毫米　16开本
印　张：11
字　数：122千字
印　数：2501—3000册
定　价：68.00元

本书编委会

主　编　贺兴容

副主编　范　锫　李科峰

编写人员　余　昆　肖　虎　雷　敏　王红梅　叶有名　王志川　程　华　赵光辉　杜仁杰　潘晓筠　邓强强　郑莹莹　刘　俊　徐　庆　罗　蓉

前 言

随着电网设备规模的不断扩大，对设备运维检修的精益化管理要求越来越高，变电运维专业作为电力企业的核心业务，其工作的安全性、规范性将直接影响电网设备的安全、稳定、可靠运行。近年来，因运维质量、习惯性违章等原因造成的人身、设备事故时有发生，为了不断总结经验教训，促使运维人员深刻认识违章行为的危害性，克服麻痹思想，增强安全意识，做到警钟长鸣，国网四川省电力公司对历年来发生的典型事故案例和典型违章案例进行了梳理，形成了本书。

本书按照国家电网公司和国网四川省电力公司相关管理规定，对各案例进行了梳理和分析，深挖其发生的深层原因，并研究制定了针对性防范措施。全书共分五章，分别为倒闸操作典型违章、工作许可及终结典型违章、设备验收典型违章、设备巡视典型违章、设备维护典型违章，共有 19 个典型违章案例、45 个典型事故案例。

本书由国网四川省电力公司、国网成都供电公司组织编写，在编写过程中得到了德阳、内江等 12 个供电公司的大力支持，在此表示诚挚的感谢。

希望本书对读者有所裨益，不当之处，敬请批评指正。

编　者

2018 年 4 月

目录

Contents

第二章　工作许可及终结典型违章

第三章　设备验收典型违章

第五章 设备维护典型违章

第一章
倒闸操作典型违章

第一节　典型违章案例

违章案例 1 未认真进行倒闸操作质量检查

一、事件经过

2013年9月5日，运维班正值班员张××和副值班员王××按照调令执行“35kV××线305开关及线路由检修转运行”操作。16时47分，副值班员王××执行“检查××线305开关确在分闸位置”操作项，监控机上××线305开关显示为白色空心方框，操作人员未提出疑问，且没有到现场检查××线305开关的机械指示位置，即认为××线305开关确在分闸位置，张××认可了该项操作质量，两人随即继续执行合母线侧隔离开关（刀闸）及以后的操作项目。直到合开关操作项执行不成功，两人经检查才发现开关的控制电源未合上。

二、违章条款

（1）违反 Q/GDW　1799.1—2013《国家电网公司电力安全工作规程　变电部分》（简称变电《安规》）第 5.3.6.5 条："操作中发生疑问时，应立即停止操作并向发令人报告。待发令人再行许可后，方可进行操作"。

（2）违反变电《安规》第 5.3.6.6 条："电气设备操作后的位置检查应以设备各相实际位置为准，无法看到实际位置时，应通过间接方法，如设备机械位置指示、电气指示、带电显示装置、仪表及各种遥测、遥信等信号的变化来判断。判断时，至少应有两个非同样原理或非同源的指示发生对应变化，且所有这些确定的指示均已同时发生对应变化，方可确认该设备已操作到位"。

（3）违反《国网四川省电力公司变电倒闸操作票管理规定》第二十五条："监护人和操作人共同检查本步操作质量"。

（4）符合《安全生产典型违章 300 条》第 159 条："倒闸操作中不按规定检查设备实际位置，不确认设备操作到位情况"。

三、可能造成的危害

（1）操作中发生疑问时，未认真进行检查，易造成误操作，引起人身、电网或设备事故。

（2）操作中监护人和操作人不按规定共同检查确认开关实际位置，若开关实际在合位，在合线路隔离开关（刀闸）时，若线路对侧已送电，将造成带负荷合隔离开关（刀闸），若线路对侧未送电，也会造成用隔离开关（刀闸）向线路充电，引起人身、电网或设备事故。

四、违章原因分析

（1）在操作过程中，王 ×× 发现疑问不及时提出，张 ×× 未认真履行监护职责，安全意识淡薄。

（2）张 ×× 和王 ×× 操作中不按规定共同检查确认设备实际位置，仅凭经验认为设备一定在分闸位置，习惯性违章情况十分严重。

五、应采取的防范措施

（1）现场操作人员在操作中发生疑问时，必须立即停止操作，待查明原因并得到许可后，方可继续进行倒闸操作。

（2）严格执行标准化倒闸操作流程，倒闸操作必须认真履行监护制并检查确认操作质量和设备实际位置。

违章案例 2 未认真执行倒闸操作监护复诵制度

一、事件经过

2013 年 4 月 14 日，当值正班冯 ×× 与副班黄 ×× 到 35kV×× 变电站进行 10kV 电容一路 937 开关及电容器组由运行转检修的操作。因黄 ×× 是才通过副值班员岗位准入考试的新进人员，想检验一下自己的操作水平，要求冯 ×× 同意其自行操作，冯 ×× 认为操作简单，同意了黄 ×× 的要求。两人未进行唱票复诵，由黄 ×× 自行操作，冯 ×× 在一旁看着且未进行录音。

二、违章条款

（1）违反变电《安规》第 5.3.6.2 条："操作中应认真执行监护复诵制度"。

（2）违反《国网四川省电力公司变电倒闸操作票管理规定》第十八条："在

倒闸操作过程中应从操作预演（模拟操作）开始至所有操作项目执行完毕进行全过程录音”。

（3）符合《安全生产典型违章300条》第155条：“倒闸操作前不核对设备名称、编号、位置，不执行监护复诵制度或操作时漏项、跳项”。

三、可能造成的危害

（1）倒闸操作中不进行唱票复诵，易发生跳项、漏项、操作顺序错误等问题，甚至操作到错误设备，造成严重的误操作，并引起人身、电网或设备事故。

（2）倒闸操作过程不录音，可能造成倒闸操作过程不规范，操作中发生的问题分析无依据，责任无法落实。

四、违章原因分析

（1）操作人和监护人安全意识淡薄，无视变电《安规》关于监护复诵制度的要求。

（2）操作人和监护人对规章制度未入脑入心，把现场操作当成检验操作技能的考场，未意识到考试可以犯错，倒闸操作绝不能犯错。

五、应采取的防范措施

（1）倒闸操作中严格执行监护复诵制度，并进行录音。录音文件要按规定规范统一保存，并定期对录音情况进行检查。

（2）对新进人员进行定期培训，到相应培训中心或基建变电站开展实操训练，坚决杜绝在正式操作中进行培训、练习等行为。

违章案例 3 管理人员违章指挥，不执行倒闸操作复诵制度

一、事件经过

2012 年 4 月 18 日，35kV×× 变电站进行完一体化检修，工作结束时间已经临近计划送电时间。现场管理人员杨 ×× 为了避免送电超时被客户投诉，节约操作时间，对当值正班张 ×× 与副班李 ×× 说："操作票我已经审核过了，没有问题，你们操作，我在旁边双重监护，不需要复诵浪费时间了"。于是张 ××、李 ×× 在执行倒闸操作时未进行复诵，并且未进行操作录音。

二、违章条款

（1）违反变电《安规》第 5.3.6.2 条："操作中应认真执行监护复诵制度"。

（2）违反《国网四川省电力公司变电倒闸操作票管理规定》第十八条："在

倒闸操作过程中应从操作预演（模拟操作）开始至所有操作项目执行完毕进行全过程录音”。

（3）符合《安全生产典型违章300条》第155条：“倒闸操作前不核对设备名称、编号、位置，不执行监护复诵制度或操作时漏项、跳项”。

（4）违反变电《安规》第4.5条：“任何人发现有违反本部分的情况，应立即制止，经纠正后才能恢复作业。各类作业人员有权拒绝违章指挥和强令冒险作业”。

（5）符合《安全生产典型违章300条》第1条：“违章指挥，强令员工冒险作业”。

（6）符合《安全生产典型违章300条》第28条：“干预值班调度、运维人员正常操作”。

三、可能造成的危害

（1）倒闸操作中不进行唱票复诵，易发生跳项、漏项、操作顺序错误等问题，甚至操作到错误设备，造成严重的误操作，并引起人身、电网或设备事故。

（2）倒闸操作过程不录音，可能造成倒闸操作过程不规范，操作中发生的问题分析无依据，责任无法落实。

（3）管理人员在现场违章指挥，可能影响运维人员的正常工作流程，导致误操作，引起严重后果。

四、违章原因分析

（1）现场管理人员杨 ××、监护人张 ×× 和操作人李 ×× 安全意识淡薄，无视变电《安规》关于监护复诵制度的要求。

（2）管理人员在工作安排中，对检修所需时间估计不足，导致临近送电时间，违章压缩倒闸操作流程。

（3）现场作业人员对于管理人员的违章指挥不制止，不提出异议。

五、应采取的防范措施

（1）倒闸操作中严格执行监护复诵制度，并进行录音。录音文件要按规定保存，并定期对录音情况进行检查。

（2）检修工作应前期进行合理安排，为检修工作和倒闸操作留够足够时间，倒闸操作严格按照流程进行，严禁违反倒闸操作规定。

（3）加强员工安全意识教育，提高员工反违章意识，杜绝违章指挥，杜绝强令冒险作业。

违章案例 4 不按规定使用操作票进行倒闸操作

一、事件经过

2013 年 9 月 2 日，因 35kV×× 变电站 10kV 母线要停电，需提前倒换站用变压器，当值正班张 ×× 和副班王 ×× 来到站上执行“将站用电系统由 10kV 1 号站用变压器供电切至 35kV 2 号站用变压器供电”的操作。到站后，张 ×× 认为自己熟悉该站站用变压器切换操作，并未填写倒闸操作票，即指挥副班王 ×× 直接进行操作。

二、违章条款

（1）违反变电《安规》第 5.3.5.4 条：“有值班调控人员、运维负责人正式发布的指令，并使用经事先审核合格的操作票”。

（2）符合《安全生产典型违章 300 条》第 154 条：“不按规定使用操作票进行倒闸操作”。

三、可能造成的危害

不按规定使用操作票进行倒闸操作，缺失了当前运行方式确认和倒闸操作票逐级审核，易发生操作跳项、漏项，造成误操作，并引起人身、电网或设备事故。

四、违章原因分析

（1）操作人员工作随意性强，习惯性违章情况严重，在未填写操作票的情况下即开始操作，安全意识淡薄。

（2）操作人员对倒闸操作票的重要性认识不够，对误操作可能造成的危害没有保持警醒，工作态度不认真。

五、应采取的防范措施

（1）倒闸操作必须填写操作票，填写操作票时要根据现场运行方式、设备情况等正确填写，严格实行操作票逐级审核制度。

（2）端正变电运维人员工作态度，加强非大型倒闸操作的现场监督和考核，强化责任意识和安全意识，杜绝习惯性违章。

违章案例 5 高压验电、装设接地线未按规定戴绝缘手套

一、事件经过

2013 年 8 月 16 日，当值正班张 ×× 和副班李 ×× 到 110kV×× 变电站进行 10kV 电容三路 983 开关及电容器组由运行转检修的操作。操作中张 ×× 为监护人，李 ×× 为操作人。在操作到第 13 步“在电容三路 9836 隔离开关（刀闸）电缆侧验明三相确无电压”时，李 ×× 在未佩戴绝缘手套的情况下直接手握验电器进行验电。并在其后装设接地线过程中，取下绝缘手套对接地线把手进行旋紧操作。

二、违章条款

（1）违反变电《安规》第 7.3.2 条：“高压验电应戴绝缘手套”。

（2）违反变电《安规》第7.4.9条："装、拆接地线导体端均应使用绝缘棒和戴绝缘手套"。

（3）符合《安全生产典型违章300条》第217条："高压验电、装设接地线未按规定戴绝缘手套"。

三、可能造成的危害

（1）若验电器绝缘强度下降，在未佩戴绝缘手套的情况下验电，将可能引发人身触电事故。

（2）在工作地点周围存在其他带电设备时，停电设备可能存在感应电，在未佩戴绝缘手套的情况下装设接地线，可能发生人身触电事故。

四、违章原因分析

（1）监护人在倒闸操作中没有严格履行监护职责，对操作人违章行为可能导致的后果不清楚，未引起足够重视。

（2）操作人对操作中防触电措施重要性认识不足，自我保护意识淡薄，操作中擅自取下绝缘手套，操作随意性强。

五、应采取的防范措施

（1）加强对作业现场的安全把控和监督，严格落实高压验电和装设接地线中必须采取全程佩戴绝缘手套等防触电措施。

（2）强化运维人员自我保护意识，深化对操作中危险点的分析和认识，避免习惯性违章行为。

违章案例 6 运维人员倒闸操作中走错间隔

一、事件经过

2010 年 7 月 8 日 7 时，当值负责人王 ×× 接地调令将 110kV×× 一线线路由冷备用转检修，进行 1616 隔离开关（刀闸）检修工作。当值负责人王 ×× 指定李 ×× 为监护人、张 ×× 为操作人，并交待操作危险点、操作流程及操作目的。7 时 10 分开始操作后，李 ××、张 ×× 误入 110kV×× 二线线路间隔（110kV×× 二线也在冷备用状态）执行转线路检修操作，操作前未核对间隔名称，操作中，监护人一边唱票一边摆放接地线，操作人复诵时也未手指设备标示牌、未核对设备名称，就进行了检查设备状态及验电步骤，直到操作挂接地线步骤时，无法打开接地端五防锁，两人在查找原因时才发现误入 110kV×× 二线间隔。

二、违章条款

（1）违反变电《安规》第 5.3.6.2 条：“操作中应认真执行监护复诵制度（单人操作时也应高声唱票），宜全过程录音。操作过程中应按操作票填写的顺序逐项操作。每操作完一步，应检查无误后做一个‘√’记号，全部操作完毕后进行复查”。

（2）符合《安全生产典型违章 300 条》第 137 条：“专责监护人不认真履行监护职责，从事与监护无关的工作”。

（3）符合《安全生产典型违章 300 条》第 155 条：“倒闸操作前不核对设备名称、编号、位置，不执行监护复诵制度或操作时漏项、跳项”。

三、可能造成的危害

（1）运维人员在倒闸操作中不认真核对间隔名称，若误入带电间隔而没有发现的情况下，可能造成人身触电事故及设备、电网事故。

（2）监护人在倒闸操作过程中不认真监护，从事与监护无关的工作，可能造成操作人误操作，引起操作人员人身伤害及设备、电网事故。

（3）倒闸操作中，操作人不手指设备铭牌进行复诵，监护人不认真检查设备名称，可能造成误操作。

四、违章原因分析

（1）李 ×× 及王 ×× 操作前未认真核对设备间隔位置，盲目操作。

（2）监护人李 ×× 安全意识淡薄，在监护过程中未认真履行监护职责，未监督操作人复诵时手指设备并核对，而去整理接地线，未发现并制止操作人的违章。

五、应采取的防范措施

（1）加强对倒闸操作的安全把控和监督，严格落实安全监护职责、唱票复诵制度。

（2）强化运维人员自我保护意识、安全意识，认真执行各项规章制度，严控操作流程，严格履行监护人、操作人相应职责，避免习惯性违章行为。

第二节 典型事故案例

事故案例1 擅自解锁、防误闭锁装置解锁钥匙不按规定使用

一、事件经过

2010年9月1日18时26分，调度下令执行“10kV××路917开关由冷备用转热备用”的操作，现场监护人为刘××（死者），操作人为王××。操作人王××在操作过程中，发现××路917开关小车卡涩。监护人刘××让操作人停止操作，并独自一人采用解锁方式将917开关柜前柜门打开，进入柜内检查，造成917开关小车静触头带电部位对人体放电。事故发生后，刘××送医院抢救，于6时30分由院方宣告抢救无效死亡。

二、暴露的主要问题及违章条款

（1）刘 ×× 安全意识淡薄，擅自解锁，让五防闭锁形同虚设。违反变电《安规》第 5.3.6.5 条：“不准擅自更改操作票，不准随意解除闭锁装置。解锁工具（钥匙）应封存保管，所有操作人员和检修人员禁止擅自使用解锁工具（钥匙）”；符合《安全生产典型违章 300 条》第 156 条：“擅自解锁进行倒闸操作”；符合《安全生产典型违章 300 条》第 157 条：“防误闭锁装置钥匙不按规定使用”。

（2）刘 ×× 在未对带电设备做好安全措施前，随意进入遮栏。违反变电《安规》第 5.1.4 条：“无论高压设备是否带电，作业人员不得单独移开或越过遮栏进行工作；若有必要移开遮栏时，应有监护人在场，并符合表 1 的安全距离”；符合《安全生产典型违章 300 条》第 201 条：“擅自拆除或者移动安全遮拦及现场安全标志牌”。

（3）王 ×× 在现场看到监护人刘 ×× 在没有监护的情况下，对解锁打开高压柜柜门违章行为没有及时制止。违反变电《安规》第 4.5 条：“任何人发现有违反本规程的情况，应立即制止，经纠正后才能恢复作业”。

三、应吸取的教训及防范措施

（1）运维人员在倒闸操作中要严格执行防误装置解锁规定，严禁擅自解锁。

（2）严格按照变电《安规》要求，不随意移开或越过遮栏进行工作，与带电设备保持足够安全距离。

（3）严格按照“四不伤害”要求，发现违章行为及时制止。

事故案例 2 不按《安规》要求规范装设接地线

一、事件经过

2011年7月8日9时左右，当值正班刘×和副班王×（死者）执行“110kV××线由运行转检修”的操作，执行到在110kV××线线路避雷器上桩头装设接地线时，刘×认为线路已经停电、不用再进行验电，王×也认为验电没有必要，于是开始装设接地线（事后经调查发现二人所装设的地线已超过试验有效日期，且存在破损情况），因为天气炎热，王×觉得戴绝缘手套容易出汗，操作也不方便，所以没有佩戴绝缘手套，同时在未接接地端的情况下，直接接导体端。由于该线路实际带有感应电压，王×随即触电倒地。

二、暴露的主要问题及违章条款

（1）现场人员麻痹大意，没有进行验电就挂接地线。违反变电《安规》

第 7.3.1 条：“验电时，应使用相应电压等级且合格的接触式验电器，在装设接地线或合接地刀闸（装置）处对各相分别验电”；符合《安全生产典型违章 300 条》第 76 条：“停电作业接地前不验电或漏挂接地线（漏合接地刀闸）”。

（2）在装设接地线时，操作人员安全意识淡薄，不戴绝缘手套就开始挂接地线，且未按照装设接地线的正确顺序进行装设。违反变电《安规》第 7.4.9 条：“装设接地线应先接接地端，后接导体端，接地线应接触良好，连接应可靠。装、拆接地线导体端均应使用绝缘棒和戴绝缘手套。人体不得碰触接地线或未接地的导线，以防止触电”；符合《安全生产典型违章 300 条》第 217 条：“高压验电、装设接地线未按规定戴绝缘手套”。

（3）安全工器具的管理不严格，没有按照规定对到期工器具进行送检试验，操作人在使用接地线前，没有检查接地线的试验有效日期，且未检查接地线是否完好。违反变电《安规》附录 J“安全工器具试验项目、周期和要求”中关于携带型短路接地线的相关要求，同时违反了第 7.4.9 条的“接地线应接触良好，连接可靠”；符合《安全生产典型违章 300 条》第 295 条：“安全工器具储存场所不满足要求”。

三、应吸取的教训及防范措施

（1）装设接地线之前，必须按照变电《安规》要求进行验电。根据变电站的具体情况，如若工作地点周围有其他带电线路，应当考虑到感应电的情况，并严格执行保证安全的技术措施。

（2）装设接地线应先接接地端，后接导体端，且装设接地线导体端时，必须戴合格的绝缘手套，并使用绝缘棒进行操作。

（3）提高安全工器具管理水平，制定好安全工器具试验计划，及时送检。使用接地线前，必须严格检查接地线的外观及试验标签，确保接地线完好及试验合格。

事故案例 3 误进入保护装置“调试”菜单

一、事件经过

2012 年 7 月 1 日，×× 供电公司变电运维人员张 ××、赵 ×× 根据调令开展 110kV×× 变电站 ×× 线 151 开关定值整定倒闸操作。正式操作前，两人进入保护装置查看待操作定值项，由于操作不熟练，未进入“整定”菜单，而是进入了“调试”菜单，两人均未发现菜单进入错误。两人在“调试”菜单中，未找到需要调整的定值项，准备退出重新进入，赵 ×× 在退出时，未按取消键，而是按到了确认键，张 ×× 认为定值还未进行修改，按取消或确认都没关系，未进行制止。当时光标正停留在 151 开关“传动出口”选项，引起 151 开关跳闸。

二、暴露的主要问题及违章条款

（1）运维人员对保护装置的培训学习不够，对装置不熟悉。违反变电《安规》第5.1.1条："运维人员应熟悉电气设备"。

（2）部分运维人员工作方式粗放，对一些简单的工作随意性大，未能及时发现误进入设备"调试"菜单，在未仔细核对菜单名称的情况下随意进行确认操作。

（3）未将保护装置定值"整定"菜单和"调试"菜单设置为不同的密码，存在误操作风险。

三、应吸取的教训及防范措施

（1）对变电站保护装置进行全面排查，将定值"整定"菜单和"调试"菜单设置为不同的密码，"调试"菜单仅限检修人员使用。因装置原因无法设置时，应在保护装置处张贴明显提示，并拟定升级改造计划。

（2）加强运维人员定值整定倒闸操作的相关培训，对新开展定值整定倒闸操作的运维班组，要对该操作进行培训考试，做到人人过关。运维人员在保护装置上进行查看等非正式操作时，均要养成退出时按“取消”键或“返回”键的习惯。

事故案例 4 操作票漏项

一、事件经过

2008 年 12 月 3 日 13 时 36 分，××供电公司操作人周×、监护人王×、当值值班长陈×在 500kV××变电站执行调度命令“将 220kV Ⅱ母上所有开关倒至Ⅰ母运行，220kV 母联 212 开关由运行转热备用”的操作任务，操作人周×在填写操作票时，漏填 2 号主变压器 202 开关倒母线操作的相关步骤，监护人王×、值班长陈×在审票时未发现操作票漏项，使得操作时未将 2 号主变压器 202 开关由Ⅱ母倒至Ⅰ母运行，14 时 23 分汇报省调孙×操作完毕。按照投运方案，先合上 220kV××线 266 开关，再合上 220kV 母联 212 开关对线路充电。15 时 32 分在执行“合上 220kV××线 266 开关”命令后，现场管理人员发现 220kV××线 266 线路带电的异常现象，立即要求值班员停止操作，进行检查核实。经检查，发现 2 号主变压器

已将 220kV Ⅱ
母上所有开关倒
至Ⅰ母进行。

202开关漏倒母线。15时40分，值班长陈 × 立即将站内方式情况向当值调度汇报，在调度的指挥下进行相关方式调整操作，19时27分，220kV××线投运成功，系统恢复正常方式运行。

二、暴露的主要问题及违章条款

（1）倒闸操作制度执行不到位。运维人员填写和审核操作票时，未认真核实运行方式，盲目填写操作票，监护人未认真履行监护职责，在模拟操作时，未能发现漏倒2号主变压器202开关，暴露出现场人员安全意识淡薄，对重大、复杂操作的重视程度不够，也反映出变电运维管理不到位，规章制度执行不严格。违反变电《安规》第5.3.4.2条："操作人和监护人应根据模拟图或接线图核对所填写的操作项目，并分别手工或电子签名，然后经运维负责人审核签名"，以及第5.3.6.2条："现场开始操作前，应先在模拟图（或微机防误装置、微机监控装置）上进行核对性模拟预演，无误后，再进行操作。操作前应先核对系统方式、设备名称、编号和位置"。

（2）倒闸操作过程中未严格执行倒闸操作规范，在拉开220kV母联212

开关前，未检查220kV Ⅱ母上所有隔离开关（刀闸）均在分闸位置，未检查抄录220kV母联212开关确无负荷电流，暴露出班组管理在贯彻标准化、规范化方面要求不高、执行不力。违反变电《安规》第5.3.4.3条：“在进行倒负荷或解、并列操作前后，检查相关电源运行及负荷分配情况”；违反《国网四川省电力公司变电倒闸操作票管理规定》第九条：“双母线接线时，拉开母联开关前，抄录母联开关三相电流”。

三、应吸取的教训及防范措施

（1）运维人员执行倒闸操作前，应认真核实运行方式，正确填写操作票。正式操作前，严格执行核对性模拟预演，要认真履行监护职责，防止发生漏操作、误操作事件。

（2）运维人员要严格执行《国网四川省电力公司变电倒闸操作票管理规定》，在拉开母联开关前，认真检查停电母线上所有隔离开关（刀闸）均在分闸位置，并检查抄录母联开关确无负荷电流。

事故案例 5 隔离开关（刀闸）触头未分开导致带电合接地刀闸（装置）

一、事件经过

2009 年 3 月 11 日，220kV×× 变电站发生“10kV 1 号电容器 961 开关弹簧储能不到位，控制回路异常”的缺陷。3 月 12 日 9 时 53 分，地调张 ×× 电话命令“将 10kV 1 号电容器 961 开关由热备用转冷备用”。10 时 3 分，操作人袁 ×、监护人姚 ××、值班负责人王 ×× 执行 09016 号操作票（操作任务：10kV 1 号电容器 961 开关由热备用转冷备用），操作第 5 项“拉开 1 号电容器 9611 隔离开关（刀闸）”后，检查隔离开关（刀闸）操作把手和隔离开关（刀闸）分合闸指示均在分闸位置，但未认真检查隔离开关（刀闸）触头位置，操作完毕后向地调张 ×× 作了汇报；10 时 22 分，操作人袁 ×、监护人姚 ×× 在执行 09017 号操作票（操作任务：根据建 J03 ~ 12 号第一种工作票补充做安全措施）第 3 项“合上 1 号电容器 96110 接地刀闸（装置）”时，发现有卡涩现象，并向值班负责人王 ×× 进行了汇报，值班负责人王 ×× 到现场也未对

9611 隔离开关（刀闸）实际位置进行认真核实，便同意继续操作，导致三相接地短路。同时，造成 10kV 1 号电容器 961 开关后柜门弹开并触及 2 号主变压器 10kV 侧 A 相母线桥，2 号主变压器差动保护动作，202、102、902 开关跳闸，110kV Ⅱ母、10kV Ⅱ母失压，该站所供 110kV 变电站备自投装置均正确动作，未造成负荷损失。事故造成 961 开关、9611 隔离开关（刀闸）及后柜门损坏、柜内 TA 绝缘损坏，961 间隔控制电缆损坏，其余相邻设备无异常。

二、暴露的主要问题及违章条款

（1）运维人员在执行操作票时大打折扣，操作检查项目形同虚设，不认真检查隔离开关（刀闸）操作后的实际位置。违反变电《安规》第 5.3.6.6 条："电气设备操作后的位置检查应以设备各相实际位置为准，无法看到实际位置时，应通过间接方法，如设备机械位置指示、电气指示、带电显示装置、仪表及各种遥测、遥信等信号的变化来判断"；符合《安全生产典型违章 300 条》第 159 条："倒闸操作中不按规定检查设备实际位置，不确认设备操作到位情况"。

（2）运维人员在合接地刀闸（装置）时，发生卡涩现象后，值班负责人到现场也未对设备再次进行认真的核对检查，强行操作导致带电合接地刀闸（装置）恶性误操作事故的发生。违反《国网四川省电力公司变电倒闸操作票管理规定》第二十五条："由于设备原因不能操作时，应停止操作，检查原因，不能处理时应报告值班调度员和生产管理部门。禁止使用非正常方法强行操作设备"。

三、应吸取的教训及防范措施

（1）运维人员应严格执行倒闸操作制度，严格把握现场操作质量，倒闸操作过程的检查项不能随意忽视，要重视倒闸操作中的每一步。

（2）对于操作中遇到的任何问题，都要认真思考问题发生的原因，在未找到问题原因前，不能盲目操作。

事故案例 6 检修后接地刀闸（装置）未拉开造成带接地刀闸（装置）合闸

一、事件经过

2007 年 7 月，220kV×× 变电站 110kV Ⅰ母及隔离开关（刀闸）大修，工作中，检修人员自行合上了 110kV 旁路 1901 刀闸开关侧接地刀闸（装置）。工作结束后，运维人员在设备验收时未发现 110kV 旁路 1901 刀闸开关侧接地刀闸（装置）在合闸位置，7 月 11 日 9 时 55 分，运维人员执行“110kV 旁路 190 开关由冷备用转 110kV Ⅱ母运行”操作任务，当操作到“合上 110kV 旁路 1902 隔离开关（刀闸）转Ⅱ母运行”时，发生带接地刀闸（装置）合闸。

二、暴露的主要问题及违章条款

（1）运维人员在设备验收时未发现 110kV 旁路开关母线侧接地隔离开关（刀闸）在合闸位置，是造成带接地刀闸（装置）合隔离开关（刀闸）事故的主要原因。运维人员在验收检修设备时不到位，符合《安全生产典型违章300条》第226条：“工作负责人、工作许可人不按规定办理工作许可和终结手续”。

（2）运维人员安全意识淡薄，工作责任心不强，违反变电倒闸操作管理规定。在倒闸操作过程中未仔细核对设备状态，是造成带接地刀闸（装置）合隔离开关（刀闸）的重要原因。违反变电《安规》第5.3.4.2条：“操作人和监护人应根据模拟图或接线图核对所填写的操作项目，并分别手工或电子签名，然后经运维负责人审核签名”，以及第5.3.6.2条：“操作前应先核对系统方式、设备名称、编号和位置”。

（3）检修人员在完成110kV旁路隔离开关（刀闸）间隔工作后，违反规定，未及时将110kV旁路开关母线侧接地隔离开关（刀闸）恢复到许可时状态，是造成带接地刀闸（装置）合隔离开关（刀闸）的另一重要原因，违反变电《安规》第6.6.5条：“工作负责人应先周密地检查，待全体作业人员撤离工作地点后，再向运维人员交待所修项目、发现的问题、试验结果和存在问题等，并与运维人员共同检查设备状况、状态，有无遗留物件，是否清洁等，然后在工作票上填明工作结束时间。经双方签名后，表示工作终结”；符合《安全生产典型违章300条》第146条：“设备检修、试验结束后，未拆除自装接地短路线，未对设备进行检查，恢复工作前的状态”。

（4）检修人员自行合上了110kV旁路开关母线侧接地刀闸（装置）后，未及时告知运维人员，并在工作票注明，违反了《国网四川省电力公司变电工作票管理规定》第二十二条：“检修人员换挂或加挂接地线后，工作负责人应及时告知运维人员，并分别在各自留存的工作票‘备注’栏中的‘其他事项’栏填明”。

三、应吸取的教训及防范措施

（1）加强对运维、检修人员工作责任心和安全意识教育，严格执行变电

《安规》、省公司变电倒闸操作票管理规定及工作票管理规定；检修人员换挂或加挂接地线后，工作负责人应及时告知运维人员，并在工作票上记录。

（2）运维、检修人员在设备验收时应严格执行变电《安规》中的规定，设备验收前必须确认恢复到许可时状态。设备验收后任何人不得改变设备状态。

（3）加大反违章力度，加强稽查，严格安全奖惩考核制度。

（4）强化作业人员的现场应会技能和规章制度的学习，并明确规章制度的目的和意义。开展运维、检修工作的风险教育，严格现场操作、作业规范，杜绝责任事故。

事故案例 7　变电站带负荷拉隔离开关（刀闸）

一、事件经过

2010年10月15日8时46分，值班员在进行110kV××变电站10kV××路919开关及线路由运行转检修的操作中，在检查断路器位置时，未到现场检查开关实际位置，仅将五防机监控机屏幕开关位置显示以及开关柜的红绿灯指示在分闸位置作为依据，未按要求检查开关机械指示位置，也未注意检查电流情况。在919开关实际仍处于合闸的情况下，带负荷误拉9192隔离开关（刀闸）。

二、暴露的主要问题及违章条款

运维人员在进行设备操作后实际位置检查时，未按照要求对机械指示位置、开关电流等重要指示进行检查，违反变电《安规》第5.3.6.6条："电气

设备操作后的位置检查应以设备各相实际位置为准。判断时，至少应有两个非同样原理或非同源的指示发生对应变化，且所有这些确定的指示均已同时发生对应变化，方可确认该设备已操作到位”；符合《安全生产典型违章 300 条》第 159 条：“倒闸操作中不按规定检查设备实际位置，不确认设备操作到位情况”。

三、应吸取的教训及防范措施

（1）运维人员在倒闸操作中要严格执行倒闸操作制度，检查开关位置必须到现场检查，以本体机械位置作为判断依据，严禁仅以灯光、表计、监控后台作为判断开关位置的依据。

（2）加强运维人员安全教育和技术培训，切实开展现场培训，在典型倒闸操作票中完善开关类设备的具体检查项目。

（3）加强操作人员的工作责任心和安全意识，纠正习惯性违章行为。

事故案例 8　漏投保护压板造成变电站全停

一、事件经过

8月9日9时13分，220kV××线264线路发生A相接地故障，差动保护及距离Ⅰ段保护动作，264开关未跳开，该开关的失灵保护未动作，220kV××线264、××线263、××线262、××线261对侧线路后备保护动作跳闸，220kV××变电站全站失压。事故后检查发现264开关新投时，两套线路保护跳闸出口压板、启动失灵压板未投入，导致××线264开关线路故障后264开关无法跳闸，同时开关失灵保护无法启动，故障不能及时切除，造成4回220kV出线对侧后备保护动作跳闸，变电站全停。

二、暴露的主要问题及违章条款

（1）新设备启动组织管理不力，对改扩建设备投运过程中的危险点分析不到位、风险控制措施不落实、二次设备管理不到位。新设备启动生产准备不充分，未组织相关人员对新投产设备开展针对性技术培训，未及时发现压板漏投。违反《国网四川省电力公司关于印发〈国网四川省电力公司重要变电站管理实施细则〉的通知》第二十条："检修后设备或新设备投运前，要认真开展一、二次设备状态确认工作，避免因设备状态不对应导致事故发生"。

（2）变电运维管理不到位，变电运维人员业务技能欠缺，工作责任心不强，对设备二次回路不熟悉，倒闸操作票填写、审核过程中未发现保护压板投入遗漏。违反变电《安规》第 5.1.1 条："运维人员应熟悉电气设备"。

（3）设备运行巡视质量不高，隐患排查工作不到位，对二次设备和继电保护装置巡视检查流于形式，未及时发现运行设备保护压板未投的严重隐患。违反《国家电网公司无人值守变电站运维管理规定》第三十三条："例行巡视是指对站内设备及设施外观、异常声响、设备渗漏、监控系统、二次装置及辅助设施异常告警、消防安防系统完好性、变电站运行环境、缺陷和隐患跟踪检查等方面的常规性巡查，具体巡视项目按照现场运行规程执行"。

（4）继电保护及安全自动装置的定期维护质量不高，保护压板和定值核对不到位。违反了《国网四川省电力公司加强重要变电站管理实施细则》第七十三条："继电保护及安全自动装置的定期维护应满足相关专业管理的要求，其中保护压板和保护定值的核对不少于每半年一次"。

三、应吸取的教训及防范措施

（1）深入查找管理原因，特别要查找设备启动、运行管理、设备运维等方面存在的薄弱环节，坚决堵塞安全漏洞，切实加强安全生产管理。

（2）提高二次设备巡视检查工作质量，巡视中必须逐间隔、逐项对保护装置及二次设备进行检查核对。

（3）及时修编完善变电站现场运行规程，确保符合实际，满足现场运行需要。

（4）定期对保护压板和保护定值进行核对，确保保护压板正确投入，保护定值无误。

事故案例 9 检修后隔离开关（刀闸）未拉开导致带接地刀闸（装置）合断路器

一、事故经过

2012 年 9 月 15～16 日，220kV×× 变电站 220kV Ⅰ 母停电，开展新扩建 220kV×× 线 247 间隔相关设备试验及调试工作，根据工作票要求，24730 接地刀闸（装置）在合位。9 月 16 日 14 时左右，为验证母差保护动作切除运行元件选择正确性，保护调试人员要求变电运维人员合上 220kV×× 线 247 开关及 2471 隔离开关（刀闸），当值值班长张 ×× 同意后，会同工作负责人张 ×× 将 ×× 线 247 间隔 GIS 汇控柜内操作联锁开关由“闭锁”切换至“解除”，随后，值班长张 ×× 在监控后台将五防闭锁软压板退出，并监护贡 ××、杨 × 分别将 247 开关及 2471 隔离开关（刀闸）解锁合上。×× 线间隔相关设备试验及调试工作全部结束后，18 时 37 分，值班长张 ×× 在未拉开 2471 隔离开关（刀闸）的情况下办理了工作票终结

手续，并将现场工作结束汇报当值调度员。调度员向当值值班长张 ×× 核对 220kV Ⅰ母处于冷备用状态，得到肯定答复后，于 18 时 57 分，下令对 220kV Ⅰ母进行送电操作。值班员杨 × 担任操作人、值班长张 ×× 担任监护人，19 时 12 分，在执行“220kV 母联 212 开关由热备用转运行”操作任务第 3 步“合上 220kV 母联 212 开关”时，220kV 母差保护动作，212 开关跳闸，50ms 后故障切除。

三、暴露的主要问题及违章条款

（1）现场工作中，运维人员应检修人员要求变更了检修设备运行接线方式，但变更情况未按要求记录在值班日志内，工作结束后未及时恢复现场安全措施；现场工作完成后，在未将相关设备恢复到开工前状态的情况下，运维人员和检修人员就办理了工作终结手续。违反变电《安规》第 6.4.2 条：“运维人员不得变更有关检修设备的运行接线方式。工作负责人、工作许可人任何一方不得擅自变更安全措施，工作中如有特殊情况需要变更时，应先取得对方的同意并及时恢复。变更情况及时记录在值班日志内”，以及第 6.6.5 条：

“全部工作完毕后，工作班应清扫、整理现场。工作负责人应先周密地检查，待全体作业人员撤离工作地点后，再向运维人员交待所修项目、发现的问题、试验结果和存在问题等，并与运维人员共同检查设备状况、状态，有无遗留物件，是否清洁等，然后在工作票上填明工作结束时间”；符合《安全生产典型违章300条》第146条：“设备检修、试验结束后，未拆除自装接地短路线，未对设备进行检查，恢复工作前的状态”。

（2）设备送电前，未按调度指令要求对设备运行方式进行全面检查，暴露出现场人员安全意识淡薄，存在习惯性违章行为。违反变电《安规》第5.3.6.2条：“操作前应先核对系统方式、设备名称、编号和位置，操作中应认真执行监护复诵制度（单人操作时也应高声唱票），宜全过程录”；符合《安全生产典型违章300条》第155条“倒闸操作前不核对设备名称、编号、位置，不执行监护复诵制度或操作时漏项、跳项”。

三、应吸取的教训及防范措施

（1）现场工作中变更设备运行方式要做好记录，并及时恢复，不能麻痹大意，仅凭记忆进行工作。

（2）倒闸操作前，要仔细核对现场设备运行方式，运行状态。在答复调度现场设备状态时应到设备现场进行确认，对进行的工作要做到心中有数。检修后设备或新设备投运前，要认真开展一、二次设备状态确认工作，避免因设备状态不对应导致事故发生。

（3）运维人员要清楚安全措施的布置情况，结束工作票前确保设备恢复检修前状态。

事故案例 10 GIS预留间隔接地刀闸（装置）未拉开导致带接地刀闸（装置）合闸

一、事故经过

2013年3月15日，220kV××变电站220kV Ⅰ母检修，检修人员在预留251间隔检查时，合上了2511隔离开关（刀闸）和25130接地刀闸（装置）（该间隔为GIS预留设备，仅有2511、2512两把隔离开关（刀闸）和25130接地刀闸（装置），隔离开关（刀闸）已接上母线，无汇控柜），工作结束后未拉开。16时，220kV Ⅰ母检修工作结束，运维人员会同检修人员到现场检查了设备位置，忽略了预留251间隔。而该间隔无二次接线，信号未上监控机，无五防闭锁回路，运维人员在开票过程中也未发现该间隔的设备状态不正确。17时30分，运维人员执行220kV Ⅰ母由检修转运行的操作任务，合上母联212开关对220kV Ⅰ母充电时，发生带接地刀闸（装置）合闸事故。

二、暴露的主要问题及违章条款

（1）检修人员在工作中擅自变更了检修设备运行接线方式，未告知运维人员，工作结束后未将相关设备恢复到开工前状态。违反变电《安规》第6.4.2条：“工作负责人、工作许可人任何一方不得擅自变更安全措施，工作中如有特殊情况需要变更时，应先取得对方的同意并及时恢复。变更情况及时记录在值班日志内”，以及第6.6.5条“全部工作完毕后，工作班应清扫、整理现场。工作负责人应先周密地检查，待全体作业人员撤离工作地点后，再向运维人员交待所修项目、发现的问题、试验结果和存在问题等，并与运维人员共同检查设备状况、状态，有无遗留物件，是否清洁等，然后在工作票上填明工作结束时间”；符合《安全生产典型违章300条》第146条：“设备检修、试验结束后，未拆除自装接地短路线，未对设备进行检查，恢复工作前的状态”。

（2）设备送电前，未按调度指令要求对设备运行方式进行全面检查，暴露出现场人员安全意识淡薄，存在习惯性违章行为。违反变电《安规》第5.3.6.2条：“操作前应先核对系统方式、设备名称、编号和位置”。

（3）隔离开关（刀闸）已接上母线的预留间隔，未纳入调度管辖范围，无闭锁，违反变电《安规》第5.1.8条：“待用间隔（母线连接排、引线已接上母线的备用间隔）应有名称、编号，并列入调度管辖范围。其隔离开关（刀闸）操作手柄、网门应加锁”。符合《安全生产典型违章300条》第59条“待用间隔未纳入调度管辖范围”。

三、应吸取的教训及防范措施

（1）现场工作中变更设备运行方式要做好记录，并及时恢复，不能麻痹大意、仅凭记忆进行工作。

（2）倒闸操作前，要仔细核对现场设备运行方式，运行状态。在答复调度现场设备状态时应到设备现场进行确认，对进行的工作要做到心中有数。检修后设备或新设备投运前，要认真开展一、二次设备状态确认工作，避免因设备状态不对应导致事故发生。

（3）运维人员要清楚安全措施的布置情况，结束工作票前，确保设备恢复检修前状态。

（4）对隔离开关（刀闸）已连接上母线的设备，应纳入调度管辖范围。GIS 预留间隔设备与母线连接后，气室压力、设备位置等重要信号应连接上监控系统。

事故案例 11 拆错接地线导致带接地线合断路器

一、事件经过

2000 年 3 月 31 日 15 时，××供电公司对 110kV××站 2 号主变压器 10kV 侧 602 开关 TA 更换等工作结束，地调下令将 2 号主变压器由检修转运行，当值副班祝××填写好操作票后，经当值正班王××审查、模拟预演后便进行操作。先拆除了 2 号主变压器与 10kV 总路 6022 隔离开关（刀闸）之间的 1 号接地线，接着到 35kV Ⅱ段开关间拆“2 号主变压器与 35kV 总路 302 开关的 6 号接地线”时，由于操作工具遗留在 10kV Ⅱ段开关间内，返回去取。回来时，王××、祝××没经唱票、复诵和核对开关名称编号及地线编号就进行操作，擅自取出紧急解锁钥匙，打开五防锁，结果误入间隔、误拆除了“35kV××394 线路侧 5 号接地线”。然后又到 110kV 开关场地拆除了“2 号主变压器与 102 开关间所挂的 13 号接地线”。并推进了 2 号主变

压器 110kV 总路 102 小车开关，按操作票顺序又到 35kV Ⅱ段开关间推进 2 号主变压器 35kV 总路 302 小车开关（此时根本没有检查 6 号接地线还挂在“2 号主变压器与 302 开关之间”，这是第三次进入 35kV Ⅱ段开关间）；接着又推上了 2 号主变压器 10kV 侧总路 6023、6022 隔离开关（刀闸），然后在主控室合上了 2 号主变压器 110kV 总路 102 开关对 2 号主变压器送电，此时听见 35kV Ⅱ段开关间一声巨响，全站失电，造成了 110kV××线 176 开关零序Ⅲ段保护动作开关跳闸。

二、暴露的主要问题及违章条款

（1）运维人员在操作过程中，不唱票、不复诵、不核实开关名称编号和接地线编号，误入其他间隔。违反变电《安规》第 5.3.6.2 条：“现场开始操作前，应先在模拟图（或微机防误装置、微机监控装置）上进行核对性模拟预演，无误后，再进行操作。操作前应先核对系统方式、设备名称、编号和位置，操作中应认真执行监护复诵制度（单人操作时也应高声唱票），宜全过程录音”；符合《安全生产典型违章 300 条》第 155 条：“倒闸操作前不核对设备名称、编号、位置，不执行监护复诵制度或操作时漏项、跳项”。

（2）操作过程中误拆除其他间隔接地线，随意使用解锁钥匙。违反变电《安规》第 5.3.6.5 条：“操作中发生疑问时，应立即停止操作并向发令人报告。待发令人再行许可后，方可进行操作。不准擅自更改操作票，不准随意解除闭锁装置。解锁工具（钥匙）应封存保管，所有操作人员和检修人员禁止擅自使用解锁工具（钥匙）。若遇特殊情况需解锁操作，应经运维管理部门防误操作装置专责人或运维管理部门指定并经书面公布的人员到现场核实无误并签字后，由运维人员告知当值调控人员，方能使用解锁工具（钥匙）”；符合《安全生产典型违章 300 条》第 156 条：“擅自解锁进行倒闸操作”。

三、应吸取的教训及防范措施

（1）倒闸操作必须按照操作顺序，认真执行监护复诵制度。操作过程中必须认真核对设备双重名称，防止误入其他间隔。

（2）倒闸操作前应先核对系统方式、设备名称、编号和位置。

（3）倒闸操作中要严格执行防误装置解锁规定，严禁擅自解锁。

事故案例 12 操作票操作项顺序错误

一、事故经过

2005年1月17日，220kV××站检修人员对110kV Ⅰ母TV、避雷器进行年检预试工作，变电站当班运维人员执行“110kV Ⅰ母TV由运行转检修”操作任务，110kV侧的运行方式为：母联112并列Ⅰ、Ⅱ母运行。13时10分，执行操作票第5步“拉开110kV Ⅰ母TV 118隔离开关（刀闸）”时，造成110kV Ⅰ母二次失去电压，110kV Ⅰ母所有保护、测量及计量装置失压，TV断线告警。原因是操作票操作项目顺序错误，在拉开118隔离开关（刀闸）前，未将110kV TV二次侧切换开关由“0”切至“1”，实现TV二次侧先并列，导致操作过程中引起110kV Ⅰ母上所有保护、测量、计量装置失去电压。

二、暴露的主要问题及违章条款

倒闸操作制度执行不到位。运维人员填写和审核操作票时未认真检查出问题，暴露出现场人员安全意识淡薄。违反变电《安规》第5.3.4.2条："操作人和监护人应根据模拟图或接线图核对所填写的操作项目，并分别手工或电子签名，然后经运维负责人审核签名"。

三、应吸取的教训及防范措施

（1）加强运维人员业务技能水平培训，强化对倒闸操作票的审核，提高操作票正确率，防止因操作票错误而造成误操作。

（2）编制完善典型操作票，使典型操作票具备指导意义。填用操作票要参照典操执行，对现场运行规程和典型操作票的贯彻执行要到位。

事故案例 13 智能变电站压板操作顺序错误

一、事故经过

2013年9月21日，220kV××变电站220kV开关合并单元更换工作结束，运维人员执行“投入220kV 1号母差保护”的操作任务。17时37分，运维人员在退出220kV 1号母差保护“投检修”压板后，逐一投入了各间隔的“GOOSE发送软压板”，再逐一投入“间隔投入软压板”。17时42分，220kV母差保护动作，跳开220kV Ⅰ母上的所有开关。经检查，事故原因是运维人员执行倒闸操作顺序错误，在先投入“GOOSE发送软压板”，使母差保护具备了跳闸出口条件后，再逐一投入“间隔投入软压板”过程中，母差保护出现差流并达到动作门槛，母差保护动作。

二、暴露的主要问题及违章条款

（1）倒闸操作制度执行不到位，运维人员填写和审核操作票时未认真检查出问题，暴露出现场人员安全意识淡薄。违反变电《安规》第 5.3.4.2 条：“操作人和监护人应根据模拟图或接线图核对所填写的操作项目，并分别手工或电子签名，然后经运维负责人审核签名”。

（2）运行管理存在薄弱环节。人员技能培训不够，现场运维人员对智能变电站相关技术掌握不足。执行倒闸操作准备不充分，倒闸操作票审核把关不严，操作前运维人员未能提前辨识操作中的风险。违反了变电《安规》第 5.1.1 条：“运维人员应熟悉电气设备”。

三、应吸取的教训及防范措施

（1）加强运维人员业务技能水平培训，强化对倒闸操作票的审核，提高操作票正确率，防止因操作票错误而造成误操作。

（2）编制完善典型操作票，使典型操作票具备指导意义。填用操作票要参照典操执行，对现场运行规程和典型操作票的贯彻执行要到位。

事故案例 14 未规范使用调度术语，接调令未复诵

一、事件经过

1998年10月29日10时58分，110kV××变电站当值正班邹××接受地调当值调度员陈××发布的预发调度指令：“将35kV××743开关由线路检修转运行，重合闸不投”。由于陈××在发布命令时没有用规定的调度术语，也未按规定程序发布调度指令，而使用了两个方言夹杂在预发调度指令中，受令人邹××在接令时也没有使用调度术语，同时对调度员不用调度术语下达指令未加任何制止，也未提出任何疑问，在没有听清楚方言的含义下，误把预发命令当成立即执行的操作命令，进行了35kV××743开关由线路检修转运行的操作。当时线路上的工作还未全部完成，18号杆处所挂接地线一组还未拆除，因此造成带线路接地线合开关的恶性误操作事故。

二、暴露出的主要问题及违章条款

（1）下发调度指令时未使用调度术语，且不清晰；接令人员未认真核实调令，想当然猜测。违反变电《安规》第5.3.1条：“倒闸操作应根据值班调控人员或运维负责人的指令，受令人复诵无误后执行。发布指令应准确、清晰，使用规范的调度术语和设备双重名称。发令人和受令人应先互报单位和姓名，发布指令的全过程（包括对方复诵指令）和听取指令的报告时应录音并作好记录。操作人员（包括监护人）应了解操作目的和操作顺序。对指令有疑问时应向发令人询问清楚无误后执行。发令人、受令人、操作人员（包括监护人）均应具备相应资质”；符合《安全生产典型违章300条》第249条：“调度指令不规范，未正确使用调度术语、未执行复诵制度。录音不齐全、不清晰”。

（2）接调令未采用监听制，且操作人员也未重听调令。违反《国网四川省电力公司变电倒闸操作票管理规定》第二十二条：“接令时应随听随记，接令完毕，应将记录的全部内容向下令人复诵一遍，并得到下令人认可”。

三、应吸取的教训及防范措施

（1）倒闸操作必须使用标准的调度术语，并严格进行复诵，复诵无误后方可执行。在没有正式明确的调度命令下，运维人员不得随意推测调度意图，随意进行倒闸操作。

（2）运维人员、调控人员应加强变电《安规》及相关调度规程学习，严肃认真接发令要求。不定时对调度录音系统进行抽查，发现问题及时纠正和考核。

事故案例 15 智能变电站保护装置软压板投退错误

一、事件经过

2012 年 5 月 20 日，220kV××变电站运维人员执行调度命令，退出 220kV××线路重合闸功能。运维人员对智能站保护装置软压板功能认识不到位，将“禁用重合闸”和“停用重合闸”两块软压板的功能理解错位，在填写操作票时，退出“重合闸 GOOSE 发送软压板”后，投入了“禁用重合闸”软压板。2012 年 7 月 3 日，220kV××线路单相接地，单相跳闸后，非全相运行，直到三相不一致保护动作跳开三相开关。

二、暴露的主要问题及违章条款

（1）运维人员对智能变电站保护装置的培训学习不够，对智能变电站装置不熟悉。违反了变电《安规》第 5.1.1 条："运维人员应熟悉电气设备"。

（2）变电运维管理不到位。在执行调度事故口令过程中，运维人员操作过程中未参照典票，盲目进行操作。

三、应吸取的教训及防范措施

（1）运维人员要深刻吸取教训，高度重视智能变电站设备特别是二次设备的技术的学习，深入掌握智能设备报文、信号、压板等意义功能。

（2）在执行事故口令、调令的操作时，运维人员要严格按照规范，参照典票进行操作，即使是非常简单的操作都不能任凭个人经验凭空操作。运维人员操作前，应认真核实现场情况，防止发生误操作事件。

（3）加强公司系统智能变电站安全管理，加强智能变电站专业技术培训，开展智能变电站设备运行操作及异常处置等专题培训，进一步提升运维人员、检修人员、专业管理人员对智能变电站设备和技术的掌握程度，切实提高智能变电站安全运行水平。

事故案例 16 未严格执行倒闸操作监护制度造成误合断路器

一、事件经过

2012 年 5 月 10 日 17 时 3 分，调度下令执行“10kV××路 913 开关由冷备用转运行”的操作。在执行到“合上 ××路 913 开关”的操作时，操作人丁 ×× 自行在监控机上进行操作，监护人李 ×× 在一旁做其他事情，并未履行监护职责。由于当天 10kV××路 915 线路事故跳闸，处于热备用状态。丁 ×× 在操作时误合与 913 相邻的 915 开关，监护人李 ×× 并未发现。造成误合开关的误操作事件。

二、暴露的主要问题及违章条款

监护人在倒闸操作过程中未严格执行监护复诵制度，没能及时发现制止操作人的误操作。违反变电《安规》第 5.3.6.2 条：“操作中应认真执行监护复诵制度”；符合《安全生产典型违章 300 条》第 155 条：“倒闸操作前不核对设备名称、编号、位置，不执行监护复诵制度或操作时漏项、跳项”。

三、应吸取的教训及防范措施

（1）运维人员在倒闸操作过程中必须严格执行监护复诵制度，尤其是零星、小型作业现场，杜绝主观大意麻痹思想。

（2）五防系统操作必须两人进行，严禁一人独自进行五防预演和正式操作。

事故案例 17 操作漏项导致站用电失电

一、事件经过

2011年1月7日9时左右，运维人员谭×和杨×在35kV××变电站执行“35kV××线314开关由运行转检修，35kV××线313开关由热备用转运行”的操作。操作前35kV××线314开关主供，35kV站用变压器高压跌落式熔断器314开关侧在合位，313开关侧为在分位。运维人员未提前倒换35kV站用变压器，在35kV××线314线路停电后，导致该变电站35kV站用变压器失电。

二、暴露的主要问题及违章条款

（1）运维人员填写和审核操作票时，未认真核实现场运行方式，到站后也未先检查现场实际运行方式，未核对站用电使用的是 35kV 站用变压器电源，且未检查 35kV 站用变压器高压跌落式熔断器的位置。暴露运维人员安全意识淡漠，填写和审核操作票过程中主观性强，未严格履行操作票规定。违反变电《安规》第 5.3.4.2 条："操作人和监护人应根据模拟图或接线图核对所填写的操作项目，并分别手工或电子签名，然后经运维负责人审核签名"，以及 5.3.6.2 条："操作前应先核对系统方式、设备名称、编号和位置"。

（2）现场人员业务能力欠缺，对于现场危险点把控能力不足，对高压跌落式熔断器不熟悉、不重视。违反变电《安规》第 5.1.1 条："运维人员应熟悉电气设备"。

三、应吸取的教训及防范措施

（1）填写操作票时，应结合调令和现场运行方式填写，严禁主观性凭空臆想猜测，造成操作票错项漏项，引起设备和电网事故。

（2）运维人员来到现场后，应再次确认检查现场运行方式和设备的实际位置，严谨认真，拒绝走过场。

事故案例18 不熟悉现场安全措施导致带接地线合闸

一、事件经过

因建立变电站仿真培训系统的需要，×× 供电公司培训中心需到 35kV×× 变电站拍摄由 35kV 负荷隔离开关（刀闸）投切主变压器的倒闸操作镜头。该公司虽然制定了拍摄计划和方案，但由于和其他工作的时间安排冲突，原定于 2000 年 5 月 8 日进行的拍摄工作提前到了 5 月 6 日。由于拍摄时间提前了两天，原计划进行操作演示的人员不在。该公司管理人员李 ×× 认为该站尚在改造建设工作中，该项操作又只是演示，于是提出由自己操作，现场另一管理人员徐 ×× 担任监护人。由于两人对该站的设备情况不熟悉，对当天的工作情况和安全措施布置情况也未完全掌握，不清楚当时主变压器 10kV 侧装设有一组接地线，演示操作的监护人徐 ×× 在对现场多次检查的过程中，都误以为主变压器 10kV 侧接地线是 10kV 出

线的线路侧接地线。而该站在投运时防误闭锁装置就未同步投运，两人的操作步骤无法经过五防验证。9 时 35 分，在进行合上 35kV 进线侧 3113 负荷隔离开关（刀闸）这一单一操作（313 户外跌落式熔断器原已在合上位置）时，造成带接地线合隔离开关（刀闸）误操作事故。

二、暴露的主要问题及违章条款

（1）李 ×× 、徐 ×× 是该公司管理人员，对变电站的实际情况不熟悉，擅自进行倒闸操作，违反变电《安规》第 4.4.3 条："新参加电气工作的人员、实习人员和临时参加劳动的人员（管理人员、非全日制用工等），应经过安全知识教育后，方可到现场参加制定的工作，并且不得单独工作"。

（2）操作人员对站内设备和结线方式不熟悉，在倒闸操作前未认真核对现场设备接线方式，加之思想麻痹，误看、误判断，导致误操作。违反变电《安规》第 5.3.4.2 条："操作人和监护人应根据模拟图或接线图核对所填写的操作项目，并分别手工或电子签名，然后经运维负责人审核签名"，以及 5.3.6.2 条："现场开始操作前，应先在模拟图（或微机防误装置、微机监控装置）上进行核对性模拟预演，无误后，再进行操作。操作前应先核对系统方式、设备名称、编号和位置”。

（3）该站无防误闭锁装置，在变电站验收投运时未严格把关，使变电站带重大隐患投运，投运后又未及时安排整改，违反变电《安规》第 5.3.5.3 条：“高压电气设备都应安装完善的防误操作闭锁装置”；违反《国网四川省电力公司重要变电站管理实施细则》第一百零三条：“凡新建、改建、扩建的变电站防误装置应做到‘三同时’，即与主体工程同时设计、同时安装、同时投产。凡发现防误功能不满足‘五防’要求的，运维单位有权拒绝设备的投运”；符合《安全生产典型违章 300 条》第 280 条：“防误闭锁装置不全或不具备‘五防’功能”。

三、应吸取的教训及防范措施

（1）加强员工的安全思想教育，认真总结事故教训，严格确保安全管理工作到位，必须保证各级生产及管理人员层层把关，严格履行岗位安全职责。

（2）工作方案改动后，应重新考虑其可行性和危险点防范措施，方案修订完善后才可继续执行。

（3）变电站防误闭锁装置应与变电站同时设计、同时安装、同时投产。运维单位应严把验收关，防误功能不满足要求的应拒绝投运，已投运的应立即进行改造。

事故案例 19 接地线未交接清楚导致带地线合隔离开关（刀闸）

一、事件经过

1998 年 7 月 12 日 21 时 57 分，110kV×× 变电站 35kV×× 线路遭雷击故障，重合成功但线路单相接地。7 月 13 日试送电后故障仍未消除，再次拉开，并转为线路检修。当天在该站进行其他工作的检修人员在进入该开关间时发现，该开关间墙上、地上都喷有油，并发现 A 相 TA 油标管已无油，开关间内充满糊臭味。工作负责人田 ×× 立即汇报上级专工并得到立即抢修的指令。田 ×× 与现场运维正值杨 ×× 联系，要求作为事故抢修，不办工作票但应记入操作记录簿内，并站在高压室 756 开关间隔前提出在 756 开关与 7562 隔离开关（刀闸）之间增挂一组接地线，运维正值杨 ×× 同意，并委托田 ×× 挂这组接地线，自己随手在一张废工作票的背面作了记录。因杨 ×× 之后忙于整理其他记录，将此事遗忘，造成该组接地线在运行记录

簿上无记载，也未在模拟图板上挂此组接地线的标示牌，同时也未向调度汇报。在14日早上的交接班过程中，交班的杨××对这组增挂的接地线未作任何交待，而交接班的巡视检查不到位，对安全工器具室少了一组接地线、756开关间增挂一组接地线均未发现。14日16时37分，何××在接到调度命令“将××线756开关由线路检修转运行”的操作命令后，根据操作任务填写了操作票，由于脑子里毫无增设的756开关与7562之间这组接地线的概念，故在操作步骤中也无拆除该组接地线的项目。16时46分，在按项操作到操作票的第6项“合上7562隔离开关（刀闸）”时即发生了带接地线合隔离开关（刀闸）的事故。

二、暴露的主要问题及违章条款

（1）工作人员安全思想淡薄，安全意识差。检修人员应运维人员要求帮忙挂接地线，无倒闸操作资格，无倒闸操作票且无人员监护；该项抢修工作未办理工作票，也未办理抢修单。符合《安全生产典型违章300条》第9条：“安排或默许无票作业、无票操作，应急抢险外的无计划作业”；违反变电

《安规》第 6.3 条：“工作票制度的有关规定”，以及第 6.3.5 条：“事故紧急抢修应填用工作票，或事故应急抢修单”。

（2）接班人员在执行倒闸操作前，未认真核对设备状态，违反变电《安规》第 5.3.4.2 条：“操作人和监护人应根据模拟图或接线图核对所填写的操作项目，并分别手工或电子签名，然后经运维负责人审核签名”，以及第 5.3.6.2 条：“操作前应先核对系统方式、设备名称、编号和位置”。

（3）交接班制度落实不到位，漏交了现场保留的接地线。符合《安全生产典型违章 300 条》第 166 条：“运维人员交接班主要内容出现错误、遗漏”。

三、应吸取的教训及防范措施

（1）加强对职工的安全思想教育，特别是变电运维人员的责任心教育，认真总结事故教训，杜绝误操作事故的再次发生。

（2）严格执行各种规章制度，特别是要加强变电站接地线管理，严格执行“两票三制”。

（3）严禁检修人员擅自接受当值人员的委托帮助挂接地线，运维人员和检修人员必须严格履行各自的岗位职责。

事故案例 20 接地线装设位置错误导致误接地

一、事件经过

110kV×× 变电站 2 号主变压器第 7 组散热器底部存在漏油缺陷。时值春节前夕，该公司决定尽快处理渗漏油。2 月 2 日，当值正值江 ××、副值代 ×× 联系调度申请将 2 号主变压器停电处理，并在调度下令前准备好了操作票及安全工器具，摆好了接地线。但有一组接地线错误地放在了 1022 隔离开关（刀闸）靠 110kV 母线侧处（该站接线方式为内桥接线）。正值江 ××、副值代 ×× 操作到拉开 6023 隔离开关（刀闸）步骤时，电脑钥匙发出“操作程序有误和电压过低，请充电”的报警信号，江 ×× 就从衣服口袋里取出事先准备好的解锁钥匙进行解锁操作。10 时 30 分左右，在操作到拉开 2 号主变压器母线侧 1022 隔离开关（刀闸）时，江 ×× 用解锁钥匙打开了 1022 隔离开关（刀闸）的接地端锁具，代 ×× 将接地棒挂向 1022 隔离开关（刀闸）A 相靠母线侧引

2 号
变压器
五防钥匙没电了，我还是用解锁钥匙吧。

线端，尚未接触导线即发生放电，瞬间接地造成220kV××变电站110kV××线零序Ⅱ段保护动作跳闸，重合闸动作成功。

二、暴露的主要问题及违章条款

（1）正值江××、副值代××在挂装接地线时，未认真核对接地线挂接位置，符合《安全生产典型违章300条》第155条：“倒闸操作前不核对设备名称、编号、位置，不执行监护复诵制度或操作时漏项、跳项”。

（2）江××在倒闸操作过程中，随意使用解锁钥匙，违反变电《安规》第5.3.6.5条：“不准擅自更改操作票，不准随意解除闭锁装置。解锁工具（钥匙）应封存保管，所有操作人员和检修人员禁止擅自使用解锁工具（钥匙）。若遇特殊情况需解锁操作，应经运维管理部门防误操作装置专责人或运维管理部门指定并经书面公布的人员到现场核实无误并签字后，由运维人员告知当值调控人员，方能使用解锁工具（钥匙）”；符合《安全生产典型违章300条》第156条：“擅自解锁进行倒闸操作”。

（3）两人在挂接地线前未认真验电，仅凭1022隔离开关（刀闸）在分位就主观判断无电，违反变电《安规》第7.3.1条："验电时，应使用相应电压等级且合格的接触式验电器，在装设接地线或合接地刀闸（装置）处对各相分别验电"；符合《安全生产典型违章300条》第76条："停电作业接地前不验电或漏挂接地线（漏合接地刀闸）"。

三、应吸取的教训及防范措施

（1）加强对运维人员的思想和业务素质的培养，对经过考核不合格的运维人员和精神状态不佳的人员要下岗到学习班学习，培训后方能重新上岗工作。

（2）加强对防误装置的管理和运维人员使用知识的培训，使运维人员能熟练掌握微机防误装置的使用和维护，真正发挥防误装置的防误作用。

事故案例 21 压板漏退导致 220kV 线路故障引起母联开关跳闸

一、事件经过

6 月 14～16 日，220kV×× 变电站开展“220kV 母联 212 开关充电过流保护装置保护全检”工作，在此过程中，220kV 母联 212 开关充电过流保护装置的“充电过流保护”压板于 6 月 14 日被投入，6 月 16 日工作终结，验收时运维人员未发现“充电过流保护”压板在投入位置；当日，进行 220kV Ⅰ母母线充电操作时操作人员未启用母联的充电过流保护；6 月 18 日交接班未发现“充电过流保护”压板在投入位置。6 月 23 日 23 时 35 分，220kV×× 变电站 220kV 线路发生 A、C 两相短路接地故障，线路纵联保护跳闸切除故障，因为双母运行条件下该站 220kV 母联 212 开关充电过流保护装置的“充电过流保护”压板在投入位置，该站 220kV 母联 212 开关充电过流保护出口跳闸。

二、暴露的主要问题及违章条款

（1）运维人员未严格执行设备验收制度、设备状态确认制度。在许可和终结“220kV 母联 212 开关充电过流保护装置保护全检”的工作时没有进行设备状态核对；6 月 16 日工作终结时验收设备不认真，未检查出充电过流压板在投入位置。违反变电《安规》第 6.6.5 条：“全部工作结束后，工作负责人应与运维人员共同检查设备状况、状态”。

（2）变电站操作票管理存在较大漏洞。6 月 10 日和 6 月 16 日两次进行同类型操作，但两张操作票操作项目存在很大差异，暴露出变电站操作票未形成统一规范，审票、典票等管理存在问题。

（3）运维人员未严格执行倒闸操作制度。6 月 16 日倒闸操作前后未仔细核对设备状态位置，应投退压板未操作，属于误投退保护，是典型的严重违章行为。运行运维人员开票、审票把关不严，工作粗糙，操作票管理制度形同虚设。符合《安全生产典型违章 300 条》第 155 条：“倒闸操作前不核对设备名称、编号、位置，不执行监护复诵制度或操作时漏项、跳项”，以及第 144 条：“设备检修、试验结束后，未拆除自装接地短路线，未对设备进行检查，恢复工作前的状态”。

（4）运维人员未严格执行交接班制度。6 月 18 日交接班人员，特别是接班人员未认真核对设备运行方式。符合《安全生产典型违章 300 条》第 166 条：“运维人员交接班主要内容出现错误、遗漏”。

（5）运维人员不严格执行定值通知单要求，不按运维要求投退“充电过流保护压板”。对“母联 212 开关保护装置充电过流保护压板”操作注意事项不清楚，对母联“充电过流保护压板”及母差保护装置“充电过流保护（跳闸）压板”的投退配合认识不清，暴露出运维人员的业务技能水平低。违反变电《安规》第 5.1.1 条：“运维人员应熟悉电气设备”。

三、应吸取的教训及防范措施

（1）加强工作许可人、工作负责人对变电《安规》的学习，明确自身职责，防止违章事件发生。

（2）加强运维人员对设备验收制度的学习，强化验收内容方法，检修后设备或新设备投运前，要认真开展一、二次设备状态确认工作。

（3）交接班应对一、二次设备位置进行详细交接、认真核对，避免交接不清楚发生事故。

事故案例 22 非全相保护定值整定错误造成开关本体非全相保护动作

一、事件经过

2011 年 07 月 22 日 18 时 4 分 52s 835ms，220kV××线 53.066km 处发生 C 相接地短路故障，1 号保护装置的差动出口，C 相跳闸；2 号保护装置的纵联距离、纵联零序方向动作；重合闸启动。在重合闸还未出口时即发生了××线 265 开关 A、B 相跳闸，属于不正确动作。经现场检查，该开关本体非全相保护时间继电器整定有误，定值为 2.5s，整定人员将时间拨轮旋在 2.5 时即认为时间为 2.5s，而实际拨轮每格之间为 250ms，造成该线 265 开关本体非全相保护装置的时间定值小于重合闸的时间定值，致使 220kV××线 C 相跳闸后，××线 265 开关本体非全相保护先于重合闸出口，造成××线 265 开关 A、B 相相继跳闸。将时间继电器动作时间按定值单调整后恢复运行。

二、暴露的主要问题及违章条款

运维人员对保护装置的培训学习不够，对装置不熟悉。违反变电《安规》第 5.1.1 条："运维人员应熟悉电气设备"。

三、应吸取的教训及防范措施

（1）加强设备安装过程中监理，保证各项试验项目和数据的完整、准确、齐备。

（2）开展对此类时间继电器的隐患排查和治理，防止类似事件的发生，且不能仅依靠拨轮位置判断时间定值，必须通过试验获得准确数据。

（3）加强设备验收过程中对设备的检查和试验，防止类似事件的发生。

（4）非全相时间继电器的试验按钮裸露在外，运维人员在做维护工作时容易发生误碰、误动的危险。因此，应加强危险点教育，同时，建议将非全相时间继电器加装外壳，从而消除危险点。

事故案例 23 线路交流空气开关漏投造成数据不能正常采集上传

一、事件经过

2012 年 7 月 14 日，×× 变电站在验收检修设备过程不仔细，×× 线交流空气开关漏投，导致该线路数据未能正常采集上传，造成该线路实时数据不能监控的设备隐患。2012 年 6 月 30 日，220kV×× 变电站 110kV×× 线 169 开关工作。2012 年 7 月 14 日全部工作结束，工作许可人和工作负责人在对现场进行验收过程中，未对线路交流空气开关的位置进行检查。办理工作票终结手续后，运维人员根据调令对停电的 110kV×× 线进行送电操作，核对开关、隔离开关（刀闸）位置变位正确，电流、有功、无功为 0（当时对侧开关尚未合上，线路空载运行）。操作结束后运行运维人员向调度及监控汇报核对设备状态，无异常信息及告警信号。2012 年 7 月 15 日，自动化班同运维人员核对 220kV×× 变电站 110kV×× 线 169 开关有功、无功数据

后发现有功、无功数据为 0，电流有数据。运维运维人员立即检查了相关设备，发现测控屏 110kV××线 169 开关交流电压空气开关在分位，合上交流电压空气开关后，110kV××线 169 开关有功、无功数据恢复正常。

二、暴露的主要问题及违章条款

（1）运维人员在验收检修设备时不到位，未依次检查核对所有与检修设备相关的空气开关情况。

（2）运维运维人员未按相关规定对站内检修设备进行特巡，未能及时发现问题。违反《国网四川省电力公司加强重要变电站管理实施细则》第四十条第 6 项："设备经过检修、改造或长期停运后重新投入系统运行后应增加特巡"。

（3）工作班组擅自操作线路交流空气开关，工作负责人一方违反变电《安规》第 6.4.2 条："工作负责人、工作许可人任何一方不得擅自变更安全措施，工作中如有特殊情况需要变更时，应先取得对方同意并及时恢复"。

三、应吸取的教训及防范措施

（1）提高业务水平，优化培训机制，加强对变电工作票管理规定的学习，全面扎实运维人员的业务素养。

（2）强化安全意识，深化责任意识，加强对班组工作的检查力度，严格要求，对各种违章现象要及时纠正并处罚。

事故案例 24 隔离开关（刀闸）未采用独立电源空气开关导致带接地刀闸（装置）合闸

一、事件经过

2012年4月13日，220kV××变电站220kV××线261开关及线路停电检修，10时10分，变电检修一班分工作负责人履行开工手续后，在操作2616隔离开关（刀闸）时发现隔离开关（刀闸）不能电动操作，检查发现261开关汇控柜内隔离开关（刀闸）交流电源空气开关未合（261间隔的所有隔离开关（刀闸）操作电源共用一个空气开关），分工作负责人未告知总工作负责人及当值运维人员的情况下，自行合上了该交流电源空气开关，并通过电动方式合上2616隔离开关（刀闸），开展2616隔离开关（刀闸）调试工作。工作人员在施放2611隔离开关（刀闸）二次电缆时，未对电缆头进行包扎，电缆芯线裸露。4月13日11时32分，2611隔离开关（刀闸）电缆头芯线误碰导致远方合闸控制回路电缆芯线导通，由于此时2611隔离开关（刀

闸）电机及控制回路带电，致使2611隔离开关（刀闸）自行电动合闸，造成220kV Ⅰ母线接地。

二、暴露的主要问题及违章条款

（1）现场检修人员在未通知总票负责人及当值运维人员的情况下，违规合上261开关汇控柜中作为安全措施的隔离开关（刀闸）电机及控制电源空气开关，导致2611隔离开关（刀闸）电机及控制回路带电，具备电动合闸条件，这是造成此次事件的主要原因。违反变电《安规》第6.4.2条："工作负责人、工作许可人任何一方不得擅自变更安全措施，工作中如有特殊情况需要变更时，应先取得对方同意并及时恢复"。

（2）261间隔测控装置改造，电缆整理和接线安装过程中，2611隔离开关（刀闸）控制线未采取绝缘包扎措施，导致2611隔离开关（刀闸）远方合闸控制回路电缆芯线导通，是造成此次事件的主要原因。符合《安全生产典型违章300条》第231条："二次回路施工作业中，该拆除的二次回路未拆除、拆除线未包扎”。

（3）未对261开关汇控柜内隔离开关（刀闸）电源共用一个电源空开的隐患进行排查整治，是造成此次事件的重要原因。违反《国家电网公司关于印发防止变电站全停十六项措施（试行）的通知》（国家电网运检〔2015〕376号）中要求的“同一间隔内的多台隔离开关（刀闸）的电机电源，在端子箱内必须分别设置独立的开断设备”。

三、应吸取的教训及防范措施

（1）各单位要加强反措的执行力度，对于违反反措要求的设备尽快改造。

（2）加强对运维、检修人员工作责任心和安全意识教育，严格执行变电《安规》、省公司变电倒闸操作票管理规定及工作票管理规定。

（3）加大反违章力度，加强稽查，严格安全奖惩考核制度。

（4）强化作业人员的现场应会技能和规章制度的学习，并明确规章制度的目的和意义。开展运维、检修工作的风险教育，严格现场操作、作业规范，杜绝责任事故。

第二章

工作许可及终结典型违章

第一节　典型违章案例

违章案例 1　不按规定办理工作票终结手续

一、事件经过

2005 年 5 月 3 日 8 时 24 分，110kV×× 变电站 10kV Ⅰ段母线上所有出线开关停电春检，站内高压设备进行预防性试验。15 时 10 分，10kV Ⅰ段母线上所有出线开关停电春检工作结束，工作负责人刘 × 在主控室告诉工作许可人可以结束工作票后，就填写修试记录，未组织工作班组成员撤离工作现场，工作许可人独自一人来到高压室检查工作及停电设备，在此过程中未发现检修班组遗漏了几把改刀在 × 天路 913 开关柜内，且未仔细检查所有开关分合闸位置，× 汀线 918 开关还在合闸位置，便在工作票工作终结一栏填写了结束时间，并单方面签字。

二、违章条款

违反变电《安规》第 6.6.5 条："工作负责人应先周密地检查，待全体作业人员撤离工作地点后，再向运维人员交代所修项目、发现问题、试验结果和存在问题等，并与运维人员共同检查设备状况、状态，有无遗留物件，是否清洁等，然后在工作票上填明工作结束时间。经双方签字后，表示工作终结"；符合《安全生产典型违章 300 条》第 146 条："设备检修、试验结束后，未拆除自装接地短路线，未对设备进行检查，恢复工作前的状态"。

三、可能造成的危害

（1）工作负责人未组织工作班组成员撤离工作现场，如有工作班成员滞留，在无监护的情况下，容易误入带电间隔甚至误碰带电设备，从而造成人员触电事故。

（2）工作许可人未与工作负责人共同检查设备状况，易造成安全措施和遗留物检查不到位，柜内的遗留物品可能造成带电设备对地距离不足而导致放电，造成设备和电网事故，开关在合位没有及时发现，可能造成带负荷合隔离开关（刀闸）事故。

四、违章原因分析

（1）工作负责人未对检修设备进行检查，未将设备恢复至交出工作现场时的状态，未组织和检查全部工作人员是否撤离工作地点。

（2）工作许可人在进行验收前，未要求检修人员将设备恢复至开工前状态，未要求工作负责人共同对设备进行检查，未要求工作负责人交代所修项目、发现问题、试验结果和存在问题等，未检查现场有无遗留物和设备状态，工作极不认真。

五、应采取的防范措施

（1）工作班组成员需履行自己的职责，清楚现场的安全措施和危险点，并且不能单独进入或逗留高压室、阀厅内和室外高压设备区。

（2）运维人员必须严格执行工作票制度，及时办理工作票许可和终结手续。并在全部工作完毕后，应周密检查设备状况、状态，有无遗留物件，是否清洁等。

（3）工作班组应在完成工作后，进行工作终结前，及时清扫整理现场，确保无任何遗漏工器具，并确保工作完全完成，人员完全撤离后再办理工作许可。

（4）工作负责人应先周密地检查，待全体作业人员撤离工作地点后，再向运维人员交代所修项目、发现问题、试验结果和存在问题等，并与运维人员共同检查设备状况、状态，有无遗留物件，是否清洁等，然后在工作票上填明工作结束时间。经双方签字后，标示工作终结。

违章案例2　随意涂改工作票重要内容、随意拆除围栏

一、事件经过

2012年9月1日，××供电公司110kV××变电站10kV电容一路971开关及电容器组年检预试工作。该公司变电运维正值班员张×在许可工作时发现工作票上有一处本应为“电容一路971”的地方填写为“电容二路972”。由于工作现场打印机无墨，张×与本次工作负责人李×商量后决定在原票上涂改后许可开工。检修工作中，在准备对电容一路9718隔离开关（刀闸）进行打磨时，发现安全措施中的围栏不方便架梯，工作班成员王×未经许可，擅自将围栏一角暂时取下，待该部位工作结束后，再将围栏复原。

二、违章条款

（1）违反变电《安规》第 6.3.7.1 条："工作票应使用黑色或蓝色的钢（水）笔或圆珠笔填写与签发，一式两份，内容应正确，填写应清楚，不得任意涂改"；符合《安全生产典型违章 300 条》第 213 条："工作票票面上的时间、工作地点、线路名称、杆号（位置）、设备双重名称、动词等关键字错字、漏字或涂改"。

（2）运维值班员收到工作票后，在审票时未能发现工作票中开关编号错误的问题。违反《国网四川省电力公司变电工作票管理规定》第二十二条"变电站（发电厂）第一种工作票填写要求"的"收到工作票时间"栏："由运维人员填写初次收到工作票的时间。运维人员收到工作票并审核合格后，与工作负责人共同签名确认"。

（3）违反变电《安规》第 7.5.8 条："禁止作业人员擅自移动或拆除遮栏（围栏）、标示牌。因工作原因必须短时移动或拆除遮栏（围栏）、标示牌，应征得工作许可人同意，并在工作负责人的监护下进行。完毕后应立即恢复"；符合《安全生产典型违章 300 条》第 201 条："擅自拆除或移动安全遮栏及现场安全标志标牌"。

三、可能造成的危害

（1）工作许可人、工作负责人为了尽早开工，在打印的工作票上对关键的设备双重名称进行涂改，票上同时有两个设备名称，可能造成工作人员没看清楚从而误入带电间隔。

（2）工作成员在工作中图方便，未与工作许可人沟通，并在无监护的情况下擅自取下了安全措施中的围栏，少了围栏的提醒，可能造成工作人员在不注意的情况下误入带电间隔、误碰带电设备，从而引发事故。

四、违章原因分析

（1）工作负责人、工作票签发人在工作票的填写审核时未能及时发现错误并改正，工作许可人在接到票后亦未能把好关，致使在许可工作时才发现工作票存在错误。

（2）运维人员在日常巡视维护时工作不到位，致使在需要使用打印机时，打印机无法正常工作。

（3）规章制度执行不严，工作许可人、工作负责人在明知机打工作票不能涂改时，为了赶工作时间、图方便仍然对工作票进行了修改。

（4）规章制度执行不严、安全意识不足，为了图方便，工作成员在未与工作许可人沟通、没有工作负责人监护的情况下变更了安全措施；存在侥幸心理，认为事后恢复了安全措施就没问题。

（5）工作负责人、专责监护人未能做好现场安全监护，从而为工作成员违章制造了空间。

五、应采取的防范措施

（1）加强日常的巡视维护工作。加强工作票的填写、签发、审核工作，保证其正确性。

（2）严格履责，现场监护人员严格把好安全关，对违章行为要严肃制止。

（3）强化全员安全教育和培训，提高工作人员的安全意识和安全防范能力，增强现场工作人员的自我保护意识，严格执行变电《安规》，提高执行规程的自觉性，养成良好的作业习惯。

违章案例 3 漏挂标示牌

一、事件经过

2012 年 10 月 21 日，220kV×× 变电站按照停电检修计划进行 220kV×× 线 206 开关的检修预试工作。当值正班陈 × 和副班李 ×× 完成该开关的停电操作后，陈 × 安排李 ×× 去现场布置遮栏并悬挂标示牌，陈 × 自己回到主控室汇报调度。9 时 20 分，李 ×× 在没有手执工作票的情况下，仅凭自己的经验布置遮栏并悬挂标示牌，漏掉在 220kV××2062 隔离开关（刀闸）构架上悬挂“禁止攀登，高压危险!”标示牌。9 时 30 分，陈 × 到设备现场检查布置安全措施情况，也未发现漏挂的“禁止攀登，高压危险！”标示牌。履行工作许可手续过程中，根据工作票内容发现该标示牌漏挂。

二、违章条款

违反变电《安规》第 7.5.7 条：“在邻近其他可能误登的带电构架上，应悬挂‘禁止攀登，高压危险！’的标示牌”。

三、可能造成的危害

漏挂“禁止攀登，高压危险！”标示牌，易导致工作班成员在不注意的情况下误登半边带电的隔离开关（刀闸）构架，引发人身触电事故。

四、违章原因分析

（1）运维人员布置安全措施时，未执工作票到现场，未按工作票所列安全措施及现场条件布置完善工作现场安全措施。

（2）工作许可人在检查现场安全措施时，工作流于形式，没有认真检查各项安全措施是否齐备，责任心不强，安全意识淡漠。

五、应采取的防范措施

（1）提高业务水平，优化培训机制，加强工作许可人对变电工作票管理规定的学习，全面扎实运维人员的业务素养。

（2）强化安全意识，深化责任意识，加强对班组工作的检查力度，严格要求，对各种违章现象要及时纠正并处罚。

违章案例4 安全围栏设置不规范

一、事件经过

2013 年 4 月 10 日，220kV×× 变电站按照停电检修计划进行 220kV×× 线 261 开关的检修预试工作。停电操作完成后，运维人员张 × 和陈 ×× 进行安全围栏的布置。该站使用的网状围栏，两人根据经验拿了两幅围栏到场地，装设好围栏后发现围栏长度不够，两人对围栏进行了调整，仍不能围至道路旁边，围栏出入口距离道路有 30cm 左右距离。两人觉得与道路距离不远，未再增设围栏，由张 × 与工作班组办理了工作许可手续。

二、违章条款

违反变电《安规》第 7.5.5 条："在室外高压设备上工作，应在工作地点四周装设围栏，其出入口要围至临近道路旁边，并设有‘从此进出!’的标示牌”。

三、可能造成的危害

围栏未围至路边，不能起到应有的警示作用，易导致工作班成员随意进入相邻的带电间隔。

四、违章原因分析

运维人员在工作中存在懒惰情绪和侥幸心理，不愿回工器具室多拿围栏，不想重新调整围栏，主观认为围栏距离道路不远，就勉强能算合格。

五、应采取的防范措施

（1）提高业务水平，优化培训机制，加强对变电工作票管理规定的学习，全面扎实运维人员的业务素养。

（2）强化安全意识，深化责任意识，加强对班组工作的检查力度，严格要求，对各种违章现象要及时纠正并处罚。

违章案例 5　未对电容器组设备充分放电

一、事件经过

2013 年 4 月 8 日，× × 公司在 220kV× × 变电站 10kV 电容五路 922 间隔进行电容器消缺工作开工前，未对电容器逐相进行放电，工作许可人和工作负责人均认可了不对电容器逐相放电，并办理了工作许可手续。

二、违章条款

（1）违反变电《安规》第 7.4.2 条：“电缆及电容器接地前应逐相充分放电，星形接线电容器的中性点应接地、串联电容器及与整组电容器脱离的电容器应逐个多次放电，装在绝缘支架上的电容器外壳也应放电”。

（2）符合《安全生产典型违章 300 条》第 116 条：“在电容器检修前未将

电容器放电并接地，或电缆试验结束后未对被试电缆进行充分放电”。

三、可能造成的危害

电容器在开工前未进行逐个多次放电，若有电容器熔丝熔断导致电荷无法放出而又未进行逐个放电，检修人员在接触时将会引起触电事故。

四、违章原因分析

对变电《安规》学习不到位，未严格执行变电《安规》中关于“电容器检修工作，当验明设备确已无电压后，电容器接地前应逐相充分放电”的规定。

五、应采取的防范措施

（1）组织员工学习变电《安规》，做到熟悉规程制度、正确理解。

（2）对电容器未进行放电操作的危害及可能造成的后果，进行员工安全技术培训和安全意识教育，防范员工产生设备停电就可接触操作的不安全思想，杜绝事故隐患。

违章案例 6 停电范围变化后未办理新的工作票

一、事件经过

2013 年 4 月 20 日，× × 公司 110kV× × 变电站办理了“2 号主变压器及三侧开关、2 号主变压器 1021 隔离开关（刀闸）检修”和“110kV× × 线 153 开关及线路检修，对 110kV Ⅱ段母线停电，进行 110kV× × 线 1536 隔离开关（刀闸）线路侧至 2 号主变压器 1026 隔离开关（刀闸）侧的 GIS 回路电阻测试”的工作票。随后变电运维人员张 × × 等对工作负责人许 × 办理了该工作票工作许可手续。当天 GIS 回路电阻测试工作结束，110kV× × 线 153 开关及线路、110kV Ⅱ段母线恢复送电，2 号主变压器检修工作未结束。4 月 21 日，安监人员到现场检查发现，该工作票的停电范围及安全措施已不能适用 21 日的停电检修范围，该票中工作范围有 1021 隔离开关（刀闸）检修内容，而实际上 1021 隔离开关（刀闸）靠 110kV Ⅱ段母线侧已是带电运行，不具备检修条件。于是要求检修班组暂停检修工作，重新签发与停电检修范围相符的工作

票，办理工作许可手续后再继续工作。

二、违章条款

违反变电《安规》第 6.3.8.2 条：“一张工作票上所列的检修设备应同时停、送电，开工前工作票内的全部安全措施应一次完成，若至预定时间，一部分工作尚未完成，需继续工作而不妨碍送电者，在送电前应按照送电后现场设备带电情况，办理新的工作票，布置好安全措施后，方可继续工作”；符合《安全生产典型违章 300 条》第 206 条：“工作间断后，复工前未全面检查安全措施”。

三、可能造成的危害

若未按照送电后现场设备带电情况办理新的工作票和重新布置安全措施，继续工作可能造成工作人员误碰带电设备。

四、违章原因分析

未严格执行安规上相关规定，对现场危险点分析不够，未意识到存在的安全隐患。

五、应采取的防范措施

（1）对大型操作，特别是停电检修设备和检修任务多的情况，班长、值班长应到现场进行踏勘和核对相关停电检修申请书、工作票，综合分析应进行的操作和工作许可程序以及危险点，制定工作流程和风险控制措施，防止顾此失彼，遗漏重要的安全措施和不应许可的工作。

（2）各级管理人员加大现场指导和检查力度，对复杂、多班组和停电时间不一致等的操作和检修任务，及时了解班组操作任务安排、核查现场执行情况，发现问题立即纠正，杜绝违章操作和许可工作。

第二节　典型事故案例

事故案例1　事故处理未办理抢修单

一、事件经过

2009年3月28日，××供电公司检修队按照检修计划对××变电站进行××变电站综合自动化装置更换检修，送电过程中运维人员发现监控机上10kV××线9751隔离开关（刀闸）位置信号与隔离开关（刀闸）实际位置不符。15时52分，检修班成员张××向调度申请将10kV××线975开关转入检修状态进行缺陷处理，检修班成员张××（消缺工作实际负责人）、郭××、李××三人未办理工作票即开始进行缺陷的消除工作，在消缺过程中，工作班成员李××将柜门锁销拨至关门状态，擅自违规解除隔离开关（刀闸）机械联锁，拉开接地刀闸（装置），合上9751隔离开关（刀闸），进入开关柜检查辅助接点时触电死亡。

二、暴露的主要问题及违章条款

（1）工作人员安全思想淡薄，安全意识差，运维人员默许检修人员在未办理事故抢修单的情况下开展工作，违反变电《安规》第6.3条：“工作票制度的有关规定”，及6.3.5条：“事故紧急抢修应填用工作票，或事故应急抢修单”；符合《安全生产典型违章300条》第9条：“安排或默许无票作业、无票操作，应急抢险外的无计划作业”。

（2）检修队成员强行解除刀闸机械联锁，违反变电《安规》第5.3.6.5条：“检修人员在倒闸操作中严禁解锁。如需解锁，应增派运维人员到现场后，履行上述手续后处理”。

三、应吸取的教训及防范措施

（1）严格检修作业管理，严格执行“两票三制”。

（2）严格执行防误装置解锁规定，严禁擅自解锁。

（3）严格按照安规要求，不随意移开或越过遮栏进行工作，与带电设备保持足够安全距离。

（4）严格按照“四不伤害”要求，发现违章行为及时制止。

事故案例 2　未按规定办理工作票终结手续导致短路故障

一、事件经过

2013 年 6 月 19 日 8 时 5 分，×× 变电站 1 号主变压器低后备保护动作，三侧开关跳闸。运维人员到站后检查发现，10kV Ⅰ、Ⅱ段母线分段 930 开关与分段 9301 隔离开关（刀闸）之间发生相间短路，10kV Ⅰ、Ⅱ段母线分段 930 开关下柜门被冲开，柜底部有只老鼠。后分析故障查明，分段开关隔壁的备用间隔在 6 月 15 日有电缆搭入工作，工作完结后，底部电缆孔洞未封堵，10kV Ⅰ、Ⅱ段母线分段 930 开关柜与隔壁柜的接地铜排穿孔未封堵，老鼠从备用间隔电缆孔进入，再经 10kV Ⅰ、Ⅱ段母线分段 930 开关柜与隔壁柜的接地铜排穿孔爬到 10kV Ⅰ、Ⅱ段母线分段 930 开关柜，老鼠活动引起短路。

二、暴露的主要问题及违章条款

（1）电缆搭接工作结束后，工作许可人和工作负责人未到现场认真检查设备状况。违反变电《安规》第 6.6.5 条：“工作负责人应先周密地检查，待全体作业人员撤离工作地点后，再向运维人员交代所修项目、发现问题、试验结果和存在问题等，并与运维人员共同检查设备状况、状态，有无遗留物件，是否清洁等，然后在工作票上填明工作结束时间。经双方签字后，表示工作终结”。

（2）工作班组在电缆施工完成后未进行孔洞封堵。违反变电《安规》第 15.2.1.16 条：“电缆施工完成后应将穿越过的孔洞进行封堵”。

（3）运维人员对封堵情况不重视，违反变电《安规》第 16.1.4 条：“变电站（生产厂房）内外的电缆，在进入控制室、电缆夹层、控制柜、开关柜等处的电缆孔洞，应用防火材料严密封闭”；符合《安全生产典型违章 300 条》第 276 条：“坑、沟、孔、洞的盖板、遮栏不全”，以及第 300 条：“防小动物措施不满足规定要求”。

三、应吸取的教训及防范措施

（1）工作班组在电缆工作结束后，未按变电《安规》要求对孔洞进行封堵，工作责任心较差、工艺要求掌握不足。

（2）工作许可人和工作负责人在工作结束后，未认真检查现场实际情况，易造成现场工具遗留或安措不到位，造成设备和电网事故。

（3）加强运维人员尤其是工作许可人对变电工作票管理规定的学习。

第三章

设备验收典型违章

第一节 典型违章案例

违章案例 1 高处作业未按规定正确使用安全带

一、事件经过

2012 年 7 月 4 日，110kV×× 站 1 号主变压器大修工作结束，工作负责人张 × 与现场运维人员刘 ×× 共同对变压器进行验收。验收过程中，为检查 1 号主变压器顶部情况，有无遗留物品，运维人员刘 ×× 顺着主变压器本体爬梯爬上 1 号主变压器，在主变压器本体上验收时未使用安全带。张 × 也未阻止刘 ×× 的行为。

二、违章条款

违反变电《安规》第 18.1.5 条："高度超过 1.5m 时，应使用安全带，或采用其他可靠的安全措施”；符合《安全生产典型违章300条》第80条：“从事高处作业未按规定正确使用安全带等高处防坠用品或装置”。

三、可能造成的危害

在高度超过1.5m时未使用安全带，且未采用其他可靠的安全措施，极容易从主变压器顶部跌落，造成人员坠落伤亡。

四、违章原因分析

运维人员、检修人员自我保护和防护意识淡薄，工作中有章不循、有规不依。未有效防范危险点。

五、应采取的防范措施

加强运维人员对变电《安规》的学习和执行，登高作业在高度超过1.5m时，必须正确使用安全带或采用其他可靠的安全措施。

违章案例 2 验收不到位致智能终端箱内隔离开关（刀闸）操作电源空气开关漏合

一、事件经过

2013年3月5日，220kV××智能变电站220kV××开关检修工作结束后，变电运维人员联系调度进行开关转运行恢复送电的操作，在操作过程中发现该间隔线路侧隔离开关（刀闸）无法电动合闸，而隔离开关（刀闸）机构箱内电源空气开关在正常投入位置。后经询问检修人员，发现220kV场地上在该间隔智能终端箱后柜内较隐蔽地方还有该隔离开关（刀闸）操作电源总交流空气开关未合上，该空气开关合上后，隔离开关（刀闸）即能够正常电动合闸。而拉开此空气开关是检修人员在工作过程中标准化作业书流程中的自作安措，运维人员与检修人员协同验收时均未注意到此问题。

二、违章条款

（1）违反变电《安规》第5.1.1条："运维人员应熟悉电气设备"。

（2）违反变电《安规》第6.6.5条："工作负责人应先周密地检查，待全体作业人员撤离工作地点后，再向运维人员交待所修项目、发现的问题、试验结果和存在问题等，并与运维人员共同检查设备状况、状态，有无遗留物件，是否清洁等，然后在工作票上填明工作结束时间。经双方签名后，表示工作终结"；符合《安全生产典型违章300条》第146条："设备检修、试验结束后，未拆除自装接地短路线，未对设备进行检查，恢复工作前的状态"。

（3）违反《国网四川省电力公司关于印发国网四川省电力公司重要变电站管理实施细则的通知》第二十条："检修后设备或新设备投运前，要认真开展一、二次设备状态确认工作，避免因设备状态不对应导致事故发生"。

三、可能造成的危害

运维人员对设备不熟悉，且验收时未与检修人员共同认真核对二次设备状态，在本次事件中导致了降低倒闸操作效率、延迟了恢复送电时间，若是保护压板等其他重要二次设备状态未核对清楚，则可能导致设备及电网事故。

四、违章原因分析

（1）运维人员对智能变电站培训学习不够，对智能变电站的交直流电源网络图不清楚不熟悉，对智能变电站设备认识不够。

（2）设备验收工作不到位。运维人员在验收检修设备时不到位，未依次检查核对所有与检修设备相关的空气开关情况。

五、应采取的防范措施

（1）加强运维人员对设备验收制度的学习，强化验收内容方法，检修后设备或新设备投运前，要认真开展一、二次设备状态确认工作，避免因设备状态不对应导致意外事故发生。

（2）运维人员要深刻吸取教训，高度重视智能变电站设备特别是二次设备的技术的学习，深入掌握智能变电站一、二次设备体系结构及交直流电源网络结构。

（3）公司系统加强智能变电站安全管理，加强智能变电站专业技术培训，开展智能变电站设备运行操作及异常处置等专题培训，进一步提升运维人员、检修人员、专业管理人员对智能站设备和技术的掌握程度，切实提高智能变电站安全运行水平。

第二节 典型事故案例

事故案例1 验收中随意解锁操作

一、事件经过

2003年6月18日，220kV××变电站110kV Ⅱ段母线停电检修，110kV××线1672隔离开关（刀闸）有维护工作。13时50分左右，当值正班黄××与110kV××线167开关间隔工作负责人白××相约对1672隔离开关（刀闸）进行合闸检查验收。两人来到110kV场地，尚未到达验收间隔，白××即有事离开。13时59分左右，当值正班黄××独自一人误入相邻带电的110kV××线166开关间隔，使用解锁钥匙误合了1662隔离开关（刀闸），造成运行中的110kV Ⅰ母接地，母差动作，运行于110kV Ⅰ母的开关跳闸、110kV Ⅰ母失电。

二、暴露的主要问题及违章条款

（1）当值正班黄 ×× 在验收过程中，随意性强，解锁钥匙未封存管理，随意使用。违反变电《安规》第 5.3.6.5 条：“解锁工具（钥匙）应封存保管，所有操作人员和检修人员禁止擅自使用解锁工具（钥匙）”；符合《安全生产典型违章 300 条》第 156 条：“擅自解锁进行倒闸操作”。

（2）黄 ×× 操作待验收设备时不核对设备双重编号。违反变电《安规》第 5.3.6.2 条：“操作前应先核对系统方式、设备名称、编号和位置”；符合《安全生产典型违章 300 条》第 155 条：“倒闸操作前不核对设备名称、编号、位置，不执行监护复诵制度或操作时漏项、跳项”。

（3）工作负责人白 ×× 在验收过程中随意离开，未与黄 ×× 共同验收设备，违反变电《安规》第 6.6.5 条：“工作负责人应先周密地检查，待全体作业人员撤离工作地点后，再向运维人员交代所修项目、发现问题、试验结果和存在问题等，并与运维人员共同检查设备状况、状态，有无遗留物件，是否清洁等，然后在工作票上填明工作结束时间。经双方签字后，表示工作终结”。

三、应吸取的教训及防范措施

（1）运维人员之间应积极协调，对设备的验收要组织严密、符合程序，各司其职。运维人员进行验收时，不得单独一人进行验收，必须至少两人进行。

（2）验收时要注意核对验收设备的双重名称，防止误入其他间隔。

（3）验收过程中不得随意使用解锁钥匙。

（4）加强运维人员对相关设备验收规程的学习，严格执行验收制度，不能盲目验收。

事故案例 2 未全面验收检修设备造成投运发生故障

一、事件经过

2015年1月7日10时30分，110kV××变电站进行10kV 3号电容器953开关间隔9536隔离开关（刀闸）B、C相支柱绝缘子更换及电容器发热缺陷处理工作。工作许可人与工作负责人办理了工作许可手续，由于9536隔离开关（刀闸）B、C相支柱绝缘子更换后，试验人员需对该组隔离开关（刀闸）进行试验，便私自将电抗器中性线一次连接铜排接头拆卸。试验结束后，试验人员只是对电抗器中性线一次连接铜排接头进行连接，既未进行紧固，也未向工作负责人进行说明，工作负责人也未向工作许可人进行说明。15时30分，工作负责人与工作许可人对该站10kV 3号电容器953开关间隔9536隔离开关（刀闸）B、C相支柱绝缘子进行检查验收，工作许可人与工

作负责人办理了工作终结手续，根据调令将10kV 3号电容器953开关设备转为运行。17时40分，运维人员对10kV 3号电容器953开关间隔进行测温时，发现电容器场地有异响及火光，立即拉开了电容器953开关，检查发现10kV 3号电容器组电抗器中性线连接铜排有烧损。

由于工作负责人为一次检修人员，工作许可人为变电运维人员，只知道需对该组隔离开关（刀闸）进行试验，不清楚9536隔离开关（刀闸）B、C相支柱绝缘子更换后需对电抗器中性线一次连接铜排解头进行试验，造成设备验收时未对相应电抗器中性线一次连接铜排接头连接是否可靠进行检查验收，导致送电后引起电抗器中性线一次连接铜排接头发热、放电。

二、暴露的问题及违章条款

（1）工作负责人及变电运维人员在验收检修设备时不到位，未依次检查核对所有与检修设备相关的电抗器中性线一次连接铜排接头情况。违反了变电《安规》第6.6.5条：“工作负责人应先周密地检查，待全体作业人员撤离工作地点后，再向运维人员交待所修项目、发现的问题、试验结果和存在问题等，并与运维人员共同检查设备状况、状态，有无遗留物件，是否清洁等，然后在工作票上填明工作结束时间。经双方签名后，表示工作终结”。

（2）符合《安全生产典型违章300条》第226条：“工作负责人、工作许可人不按规定办理工作许可和终结手续”。

（3）运维人员及工作负责人对检修工艺不清楚，导致对检修设备应验收范围判断不清晰、验收不全面。

三、应吸取的教训及防范措施

（1）严格认真执行设备验收制度，按标准化验收卡逐项进行验收。

（2）加强工作许可人、工作负责人对变电《安规》的学习，明确自身职责，防止违章事件发生。

（3）运维人员对设备试验方式加强学习了解，验收时应详细询问工作负责人设备检修内容及方式，明确验收范围，防止发生漏验收设备和错误验收事件发生。

第四章

设备巡视典型违章

第一节　典型违章案例

违章案例 1　雷雨天巡视室外高压设备不穿绝缘靴

一、事件经过

2012 年 6 月 4 日，因大风雷雨天气影响，220kV×× 变电站 110kV×× 线 1511 隔离开关（刀闸）支柱绝缘子故障，差动保护动作，引起 110kV Ⅰ母失电。当值运维人员王 ×、李 × 接到调控人员通知到站对 110kV Ⅰ母及所属设备进行巡视检查，在巡视过程中，王 ×、李 × 两人均未穿绝缘靴，并靠近了 110kV 场地 3 号避雷针。

二、违章条款

（1）违反变电《安规》第5.2.2条："雷雨天气需要巡视室外高压设备室，应穿绝缘靴，并不准靠近避雷器和避雷针"。

（2）符合《安全生产典型违章300条》第243条："电气倒闸操作不戴绝缘手套或不正确使用绝缘手套，雷雨天气巡视室外高压设备不穿绝缘靴"。

三、可能造成的危害

在雷雨天气时，王×、李×巡视110kV场地没有穿绝缘靴，并且靠近了避雷针，若此时避雷针上落雷，避雷针接地极的周围较大范围内将形成一个电位分布区，很高的跨步电压将造成人员伤亡。

四、违章原因分析

巡视人员自我保护意识淡薄，巡视前未进行危险点分析，对雷雨天巡视中的危险点不清楚。

五、应采取的防范措施

（1）强化对运维人员的培训，加强对巡视过程中危险点的分析，使危险点防范意识入脑入心。

（2）雷雨天气尽量不安排巡站，若有必要巡站时，要穿戴雨衣和绝缘靴，禁止打伞，并不得靠近避雷器和避雷针。

违章案例 2 交接班交接不清楚

一、事件经过

2013 年 10 月 24 日 8 时 5 分，220kV×× 变电站 110kV×× 线 151 开关保护跳闸，重合闸动作成功，调度监控发现该跳闸信号后立即通知了变电运维班，要求其到站进行检查。因临近交接班，且交接班小结已打印，当值值班长决定先不安排人员到站检查，在交接班时告知接班人员，由接班人员在接班后到站巡视时顺便检查。但因交班小结未做记录，在交接过程中忘了对此工作进行交接，接班人员不知道有开关跳闸需到站进行检查，致使此项检查工作一直未有运维人员回复调度监控。

二、违章条款

交接班制度落实不到位，漏交保护跳闸信号。符合《安全生产典型违章

300 条》第 166 条：“运维人员交接班主要内容出现错误、遗漏”。

三、可能造成的危害

（1）交接班交接不清楚将造成接班人员工作疏漏，不及时到站查看保护跳闸信号，延误故障判断和恢复送电。

（2）交接班不认真，若接地刀闸（装置）、接地线等交接遗漏，可能会造成恶性误操作事故。

四、违章原因分析

（1）运维人员工作责任心不强，未严格执行交接班制度。

（2）管理人员缺位，责任制不落实，未对交接班现场进行有效监督。

五、应采取的防范措施

（1）提高运维人员责任意识和风险意识，强化事故就是命令的意识。

（2）管理人员督促检查交接班制度的落实，预防错交、漏交的情况。

违章案例 3 智能变电站例行巡视不到位致未及时发现合并单元缺陷

一、事件经过

2011年10月17日，××公司变电运维人员张×、于×按巡视计划对220kV××站进行巡视，在巡视过程中接到通知去另一变电站查看告警信号，于是两人在站内对自己认为重要的设备匆匆巡视了一下便离开了。当天下午，该运维班管理人员到220kV××站进行巡视质量检查，发现110kV××线171开关合并单元激光功率传输异常，后查阅当天运维人员的巡站记录，确定当天运维人员在巡站中未及时发现该缺陷，所填记录明显作假。

二、违章条款

（1）违反《国家电网公司无人值守变电站运维管理规定》第三十三条：“例

行巡视是指对站内设备及设施外观、异常声响、设备渗漏、监控系统、二次装置及辅助设施异常告警、消防安防系统完好性、变电站运行环境、缺陷和隐患跟踪检查等方面的常规性巡查，具体巡视项目按照现场运行规程执行”。

（2）运维人员在设备巡视工作中不认真执行设备巡视卡，填写巡视记录弄虚作假，未意识到巡视工作的重要性。

三、可能造成的危害

（1）运维人员在巡视过程中不认真，不按照巡视卡进行逐项巡视，未及时发现合并单元激光功率异常，会造成闭锁保护，在线路发生故障时，可能会造成越级跳闸，扩大事故范围。

（2）运维人员在巡视中接到其他工作通知，未安排时间或更换人员继续完成剩下的巡视工作，而是采用做假的方式完成巡视相关记录，显示出运维人员对巡视工作不重视。变电站长期巡视质量差，缺陷不能及时发现，可能造成缺陷发展为故障，引起设备损坏或电网事故。

四、违章原因分析

由于巡视质量较难考核，运维人员对巡视工作不认真、不重视，随意性大。运维人员对智能变电站的设备不熟悉，不清楚激光功率传输数据的重要性。

五、应采取的防范措施

（1）运维人员需提高责任意识，认真做好站端设备巡视工作，不能走过场、随意马虎。

（2）加强运维人员对变电站运维管理规定特别是智能变电站二次运维管理规定的学习，提高运维人员对智能变电站设备的熟悉水平，以满足智能变电站对运维人员提出的新要求。

（3）班组管理人员加强对日常记录的管理和检查，严防班组人员的主观作假行为，时刻敲响安全和责任的警钟。

违章案例 4 运维人员进入高压室未通知调度监控人员

一、事件经过

4月3日，××公司运维人员刘××、林××到220kV××站进行例行巡视。在进入10kV高压室前，未通知调度监控人员。两人在巡视到电容一路991开关柜前时，AVC动作，991开关合闸，巨大的合闸声音使两人受到惊吓。

二、违章条款

违反《国网四川省电力公司关于印发国网四川省电力公司重要变电站管理实施细则的通知》（川电运检〔2014〕216号）第二十九条："运维班人员若需进入高压设备室，应及时与相应当值监控人员联系，告知将会进入的设备区域，若需进入无功补偿设备区域（含无功补偿设备开关室），还应向当值监控人员申请退出AVC系统；在离开变电站前应告知当值监控，人员均已撤离。监控人员在进行远方操作前，应提前告知相应运维班"。

三、可能造成的危害

运维人员在进入高压设备室，若不告知当值监控人员，监控人员在分合断路器时，易因惊吓引起意外伤害。若设备发生故障，还可能使设备附近的巡视人员受到更严重的伤害。

四、违章原因分析

运维人员在巡视工作中随意性大，自我保护意识不强，对于巡视工作中的危险点认识不到位。

五、应采取的防范措施

运维人员在进入高压设备室前，应严格按照《国网四川省电力公司关于印发国网四川省电力公司重要变电站管理实施细则的通知》（川电运检〔2014〕216 号）要求，及时与相应当值监控人员联系，告知将会进入的设备区域，若需进入无功补偿设备区域（含无功补偿设备开关室），还应向当值监控人员申请退出 AVC 系统；在离开变电站前应告知当值监控，人员均已撤离。

第二节　典型事故案例

事故案例 1　运维人员随意拆除防小动物措施

一、事件经过

2010年9月24日，××供电公司110kV××变电站内，运维人员刘××、文××到站巡视时发现10kV高压室温度特别高，刘××遂打开了高压室的门及窗户，离开时也未关闭。文××虽有疑虑，但因刘××是经验丰富的老值班员，所以并没有提出。当天傍晚，110kV××变电站2号主变压器低压侧902开关事故跳闸，主变压器低后备动作跳开10kV分段930开关。运维人员到站检查后发现，10kV高压室内902开关柜旁有一条烧焦了的蛇。经分析查证，这条蛇经窗户进入到室内并爬上了开关柜，在902开关柜上方造成母线排短路接地导致了本次事故。

二、暴露的主要问题及违章条款

（1）运维人员对变电站防小动物措施重要性认识不足。违反变电《安规》第5.2.5条：“巡视室内设备，应随手关门”；违反《国网四川省电力公司加强重要变电站管理实施细则》第一百零二条：“各设备室的门窗应完好严密，出入时随手将门关好”；符合《安全生产典型违章300条》第300条：“防小动物措施不满足规定要求”。

（2）文××对于刘××随意打开高压室门窗的行为不制止、不质疑，违反变电《安规》第4.5条：“任何人发现有违反本规程的情况，应立即制止，经纠正后才能恢复作业”。

三、应吸取的教训及防范措施

（1）新员工对老员工盲目信从，对安全问题未能及时提出反对意见。需加强员工的安全意识培训，形成员工之间安全问题互相监督、违章行为及时提出的良好氛围。

（2）加强对运维人员相关制度的宣贯培训，使得运维人员熟悉变电站日常管理要求及风险点及其防范措施。

事故案例 2　在禁火区域吸烟并乱丢烟头

一、事件经过

2013 年 7 月 3 日 13 时，×× 市市区气温超过 41℃，该市 110kV×× 变电站 10kV 各出线负荷均创新高，巡视人员在特殊巡视过程中为解除疲劳，遂在摄像头无法拍摄的位置抽烟，然后将未燃尽的烟头丢入电缆沟中，14 时，该站 2 条 10kV 出线和主变压器保护动作跳闸，10kV 电力电缆沟冒出黑烟。大火燃烧接近 2h，由于电缆沟内阻火墙和通往高压室的防火墙的作用，火势没有接近高压室电缆隧道。

二、暴露的主要问题及违章条款

运维人员安全意识淡薄，在变电站内抽烟并将烟头丢入电缆沟，是严重违章行为。按照变电《安规》要求，电缆沟属于二级动火区。符合《安全生产典型违章300条》第93条："在易燃易爆或禁火区域携带火种、使用明火、吸烟"。

三、应吸取的教训及防范措施

（1）运维人员加强对变电《安规》的学习，在变电站内部禁止携带火种，禁止使用明火或吸烟。

（2）加强运维人员对《安全生产典型违章300条》的学习和理解，并加强日常工作检查，确保规程执行力度。

事故案例 3 工作人员进入未经检测合格的 SF_6 设备室

一、事件经过

110kV×× 变电站是 ×× 供电公司 2012 年初新投运的室内全 GIS 设备变电站，有 110kV 主变压器两台，预留变压器室一间。110kV GIS 设备室一间，目前内设 110kV 线路两条，作为 ×× 变电站的电源进线。在投运之初，110kV GIS 设备室设置有一套专门的自动控制 GIS 检测与通风装置，于 2012 年 3 月损坏，但一直无人来修复。2013 年 1 月 4 日，×× 变电站报 110kV×× 线 152 开关低气压闭锁，调控中心通知运维班赶赴现场查看。到站后，当值值班长张 ×× 和李 ×× 一起到安全工具室准备安全工具，而一同前往的吴 ×× 在未经允许的情况下独自一人进入了 110kV 高压室想要进行勘察工作，因吸入过多有毒气体晕倒，幸而随后赶到的张 ×× 与李 ×× 及时发现，将吴 ×× 送往医院抢救才救回了吴 ×× 的性命。

二、暴露的主要问题及违章条款

110kV 高压室 SF_6 自动检测系统坏但一直无人修复，吴 ×× 安全意识薄弱，不熟悉电力安全工作规程，在未采取任何安全防护措施的情况下独自进入可能发生泄漏的 SF_6 高压室导致自身中毒。违反变电《安规》第 11.5 条："在 SF_6 配电装置低位区应安装能报警的氧量仪和 SF_6 气体泄漏报警仪，在工作人员入口处应装设显示器。上述仪器应定期检验，保证完好"，以及第 11.6 条："工作人员进入 SF_6 配电装置室，入口处若无 SF_6 气体含量显示器，应通风 15min，并用检漏仪测量 SF_6 气体含量合格。尽量避免一人进入 SF_6 配电室进行巡视"；符合《安全生产典型违章 300 条》第 127 条："工作人员进入未经检测合格的 SF_6 气体配电装置室"。

三、应吸取的教训及防范措施

（1）日常风险预警学习不到位，未全面开展 SF_6 泄漏事故演练与学习。

（2）设备缺陷管理不严，对站内有故障或者是有安全隐患的设施未能及时修复，工作中侥幸心态暴露出了问题。

（3）加强对变电站 SF_6 泄漏监测、火警消防、防洪设施的日常维护检查，有问题汇报有关部门，及时进行更换和补充。

（4）严格日常各类应急预案以及电力安全工作规程的学习，所有工作人员必须进行统一、有效的考试合格并掌握相关防范和自我保护技能后方可参加工作。

事故案例4 巡视中未与带电设备保持足够的安全距离

一、事件经过

2012年3月17日，何×、刘××开展220kV××变电站巡视工作。两人进入35kV高压室，何×正在检查柜内设备，突然听到刘××大叫一声，同时，伴随物体撞击地板声音，发现在35kV××线365开关柜旁的刘××倒在地上，何×立即拨打120将伤员送往医院救治。16时许，刘××医治无效死亡。事后查明，刘××在巡视过程中发现365开关柜上部接地刀闸（装置）标识牌掉落在地上，然后刘××站在凳子上，试图将365开关柜标示牌粘贴到开关柜柜门上，但在粘贴过程中，因为没能与开关柜上部带电隔离开关（刀闸）保持足够安全距离而引发触电。

二、暴露的主要问题及违章条款

（1）在工作过程中未能与带电设备保持安全距离。违反变电《安规》对设备不停电时的安全距离要求："35kV 安全距离不小于 1m"；符合《安全生产典型违章 300 条》第 119 条："巡视或检修作业，工作人员或机具与带电体不能保持规定的安全距离"。

（2）刘 ×× 对现场设备的接线方式及带电部位不清楚，盲目工作。违反变电《安规》第 5.1.1 条："运维人员应熟悉电气设备"。

三、应吸取的教训及防范措施

（1）运维人员应熟悉电气设备，并与带电设备保持足够的安全距离。在工作中应加强相互之间的监督，及时制止对方的违章行为。

（2）运维人员在巡视工作中不得随意从事其他工作。

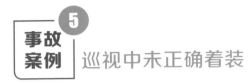

事故案例 5 巡视中未正确着装

一、事件经过

2012 年 8 月 9 日，当值运维正班曹 × 与副班赵 × × 对 110kV× × 变电站进行日常巡视工作。因天气炎热，曹 × 穿着凉鞋。10 时 10 分，两人进入 10kV 高压室，曹 × 抬脚高度不够，脚趾撞在防鼠挡板上，造成小趾骨裂。

二、暴露的主要问题及违规条款

（1）违反变电《安规》第 4.3.4 条：“进入作业现场应正确佩戴安全帽，现场作业人员应穿全棉长袖工作服、绝缘鞋”。

（2）符合《安全生产典型违章 300 条》第 227 条：“进入工作现场，未正确着装”。

三、应吸取的教训及防范措施

（1）赵 ×× 在看到曹 × 着装不规范，未及时提出，责任心不强，安全意识淡漠，团队意识较差。

（2）整顿工作作风，应加强对工作班成员的教育培训，强化工作中的安全意识，规范着装的必要性，自觉遵守《安规》规定和劳动纪律，增强团队意识，强化责任心。

事故案例 6 巡视不到位，未及时发现缺陷导致越级跳闸

一、事件经过

2013 年 6 月 2 日，35kV×× 站远动通信中断，监控权限由调度移交至站端，变电站恢复有人值守。2013 年 6 月 2 日 17 时 10 分 22s 434ms，1 号主变压器低后备保护动作，1 号主变压器 301、901 开关同时跳闸，1 号主变压器停运。1 号主变压器跳闸后，运维人员汇报调度后立即对站内设备进行巡查，发现 10kV×× 线开关柜内有异味，检修人员到现场后，调度许可将 10kV×× 线转检修，打开柜门发现跳闸线圈烧坏。通过调取 10kV×× 线保护装置及后台信息报文，发现 1 号主变压器动作跳闸前线路存在故障，保护正确动作，但是跳闸线圈烧坏未出口导致越级跳闸；通过调取跳闸当天后台信息报文，10kV×× 线于当天 10 时 25 分 43s 发“控制回路断线”报警信号，当班运维人员未及时发现上报，当天巡视设备时也未发现装置告警。

二、暴露的主要问题及违章条款

（1）运维人员巡视设备存在走过场情况。违反《国家电网公司无人值守变电站运维管理规定》第三十三条：“例行巡视是指对站内设备及设施外观、异常声响、设备渗漏、监控系统、二次装置及辅助设施异常告警、消防安防系统完好性、变电站运行环境、缺陷和隐患跟踪检查等方面的常规性巡查，具体巡视项目按照现场运行规程执行”。

（2）监盘人员未履行监控职责。符合《安全生产典型违章300条》第169条：“漏监控、误监控调度自动化系统重要信号，或发现重要信号后未按规定及时汇报和处置”。

三、应吸取的教训及防范措施

（1）当监控权限由调控移交至站端，变电站恢复有人值守后，运维人员应做好站端巡视监控工作，不能任意马虎。

（2）加强运维人员对《国家电网公司无人值守变电站运维管理规定》的学习，确保运维人员明确无人值守和站端监控时自身的工作职责和工作要求，提高运维人员应对不同要求的业务能力。

（3）加强运维人员关于变电站监控值守相关规定及技术的学习。

事故案例 7 未对二次设备开展红外测温

一、事件经过

2013年5月5日7时14分，110kV××变电站1号主变压器差动保护（速断）动作跳开1号主变压器三侧开关，同时2号主变压器中后备保护动作跳35kV分段300号开关。事故造成300号开关B相TA烧毁，35kV Ⅰ母失压。经检查，事故发生原因是35kV分段300号开关TA端子箱内TB3-1、TB3-4端子之间短接线采用1.5mm铜芯线，因压接点接触不良发热烧断。通过调查，运维班未对变电站端子箱进行红外测温，仅检测了一次设备，造成缺陷未被及时发现，导致事故发生。

二、暴露的主要问题及违章条款

设备运维不到位，二次端子箱疏于红外测温，长期发热未发现。符合

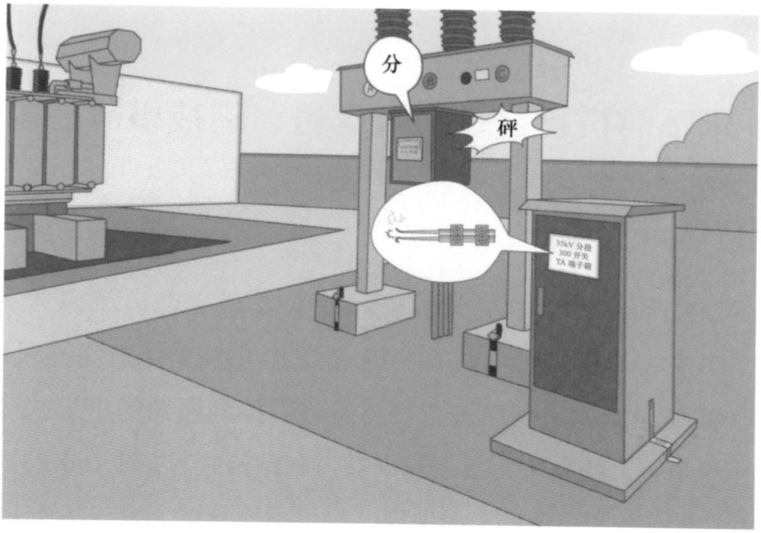

《安全生产典型违章 300 条》第 242 条："未按规定开展接地电阻测试、红外测温、负荷测试等日常运维工作，未建立相关记录"；违反《国网四川省电力公司重要变电站管理实施细则》第七十四条："带电检测的设备范围主要包括变压器、组合电器、断路器、隔离开关（刀闸）、互感器、耦合电抗器、避雷器、穿墙套管、高压电缆、开关柜、电容器、电抗器及其他相关二次设备等"。

三、应吸取的教训及防范措施

（1）变电站日常巡视工作要保证巡视质量，日常巡视测温工作要按照要求开展。

（2）反事故措施执行不到位，TA 回路使用铜芯线不满足反事故措施要求。

（3）对运维人员变电站红外测温工作进行监督抽查，防止测温工作不开展或者开展不到位情况发生。

事故案例 8 未及时执行检查报警信号，造成事故范围扩大

一、事件经过

2013年11月14日1时28分，××供电公司变电运维班接到地调监控电话，220kV××智能变电站监控机上报出“35kV保护测控装置失电告警”信号。需要运维人员到站进行设备检查。接到通知的正班张××觉得凌晨天冷不想出去，擅自决定早上起来后再到站检查。7时1分33s 791ms，220kV××智能变电站35kV Ⅰ母失压。后经事故分析，发现是35kV××线在7时1分33s发生短路故障。由于1时28分发生“35kV保护测控装置失电告警”未能及时处理，现场实属35kV××线保护装置CPU故障造成线路保护不能正确作用于断路器跳闸，引发越级跳闸。

二、暴露的主要问题及违章条款

运维人员在接到调度监控的通知后，未意识到所报缺陷的严重性，更不认真履行运维人员的职责，玩忽职守，缺乏事故就是命令的意识。符合《安全生产典型违章 300 条》第 169 条：“漏监控、误监控调度自动化系统重要信号，或发现重要信号后未按规定及时汇报和处置”。

三、应吸取的教训及防范措施

（1）加强培养运维人员责任意识和风险意识，特别是提高应对突发事故的应急处理能力。

（2）加强运维人员对变电站设备和监控信号分级的学习，明确不同故障的处理时效和处理方法，提高对于变电站的运维业务能力。

（3）班组加强管理，使班组成员意识到违规的严重后果，从思想源头杜绝随意性违章。

事故案例 9 因巡视不到位未及时发现智能终端箱硬压板脱落引起越级跳闸

一、事件经过

2012 年 8 月 6 日，× × 供电公司新接手管辖的 220kV× × 智能变电站发生一起某条 110kV 线路故障而开关拒跳造成越级跳闸事故。经检查分析发现开关拒跳的原因为 110kV 场地内该间隔智能终端箱内开关跳闸出口硬压板脱落，而造成压板脱落的主要原因为近期该变电站周边有大型建设工程施工，振动较为强烈且经历夏季暴风多雨气候后压板有所变形，且经检查场地上其他间隔智能终端箱发现各硬压板均有不同程度的松动。由于该智能变电站新投不久，且该供电公司初次接手智能变电站的运维管理工作，运维人员对智能终端等设备认识程度欠缺，巡视时只留心检查到了主控室内保护屏柜上压板状态，而忽视了智能终端箱内硬压板状态的巡视，致使事故发生。

二、暴露的主要问题及违章条款

（1）运维人员对智能变电站各类设备装置的认识不够，对智能变电站装置不熟悉。违反变电《安规》第 5.1.1 条：“运维人员应熟悉电气设备”。

（2）运维人员巡视不到位，违反《国家电网公司无人值守变电站运维管理规定》第三十三条：“例行巡视是指对站内设备及设施外观、异常声响、设备渗漏、监控系统、二次装置及辅助设施异常告警、消防安防系统完好性、变电站运行环境、缺陷和隐患跟踪检查等方面的常规性巡查，具体巡视项目按照现场运行规程执行”。

三、应吸取的教训及防范措施

（1）运维人员要深刻吸取教训，在进行智能变电站的巡视工作时，要知晓智能变电站与常规变电站的各类不同，并高度重视智能变电站设备特别是二次设备的巡视工作。同时要结合环境特点，开展有针对性的巡视，及时发现隐患。

（2）针对运维人员对智能变电站运维经验的欠缺以及水平的不足，运维单位要加强智能变电站的安全管理，加强智能变电站专业技术培训，开展智能变电站设备运行操作及异常处置等专题培训，进一步提升运维人员、检修人员、专业管理人员对智能变电站设备和技术的掌握程度，切实提高智能变电站安全运行水平。

第五章

设备维护典型违章

第一节　典型违章案例

违章案例 1　不按作业流程更换主变压器本体呼吸器硅胶

一、事件经过

2013年5月8日，××供电公司变电运维××班李××、刘××到220kV××变电站1号主变压器现场，根据作业卡流程进行变压器呼吸器硅胶更换工作，当取下呼吸器玻璃筒后，李××认为很快就能够将变色的硅胶更换完毕，觉得封堵连接管道麻烦，不封堵也不会出问题，刘××未提出异议。就这样，李××、刘××在未封堵呼吸器连接管道的情况下，将硅胶更换后，组装好了呼气器。

二、违章条款

（1）符合《安全生产典型违章300条》第214条：“现场施工作业未按

《标准化作业指导书》《现场工艺工序标准卡》执行”。

（2）符合《安全生产典型违章300条》第27条：“对违章不制止、不纠正”。

（3）违反变电《安规》第6.3.11.5条：“工作班成员熟悉工作内容、工作流程，掌握安全措施，明确工作中的危险点”。

三、可能造成的危害

（1）工作中对他人的违章行为不及时制止、纠正，可能造成人身、设备电网事故，造成严重后果。

（2）在更换主变呼吸器硅胶工作时，未封堵呼吸器连接管道，空气中的杂质和水分容易进入主变压器，加速变压器油劣化，降低绝缘性能，影响变压器寿命。

四、违章原因分析

（1）工作中刘××对李××的违章行为不及时制止、纠正。

（2）工作人员李××业务技能不熟悉、设备原理不了解、工艺要求不清楚、危险点分析不到位。

（3）操作人员、监护人员安全意识淡薄，工作中有章不循、有规不依。

五、应采取的防范措施

（1）加强运维人员对主变压器硅胶更换相关知识培训，提高运维人员对设备的认识程度，熟悉工艺要求，消除运维人员的错误认识。

（2）加强各类工作中工艺工序卡、标准化作业指导书的执行力度，防止不按照工作流程及标准进行工作造成事故发生。

（3）管理人员加强对各类工作现场的督察和违章纠正。

第二节　典型事故案例

事故案例 1　在带电设备周围使用钢卷尺进行测量工作

一、事件经过

2012年9月26日8时30分，应上级要求，××供电公司运维中心正值班员马××和副值班员林××一起前往110kV××变电站进行新投线路所需挂标示牌的测量工作。10时55分，马××和林××到达现场后，先对现场进行查勘，稍后，在马××的监护下，林××登上扶梯对备用线路所需挂标示牌的地方进行测量，但由于林××在测量过程中钢卷尺与带电设备安全距离不足，导致带电设备对其放电，马××听到“哎呀”一声，便看到林××跌倒地上、身上着火。经现场施救后送往医院抢救无效，林××于26日11时20分确诊死亡。

二、暴露的主要问题及违章条款

（1）在变电站进行测量工作使用了钢卷尺。违反变电《安规》第 16.1.5 条："在带电设备周围禁止使用钢卷尺、皮卷尺和线尺（夹有金属丝者）进行测量工作"。

（2）监护人对于林 ×× 使用钢卷尺的违章行为没有及时发现并制止，违反变电《安规》第 4.5 条："任何人发现有违反本规程的情况，应立即制止，经纠正后才能恢复作业"。

三、应吸取的教训及防范措施

（1）在使用小型工器具时，尤其是导电的工器具，应严格注意其与带电体的安全距离，切勿不小心将工器具靠近或者接触带电体。严禁使用站内禁止使用的工器具。

（2）根据变电站的具体情况，如若工作地点离带电体太近，必须办理工作票停电，并做好相应的安全措施再进行工作。

（3）对变电《安规》深刻学习，增加安全教育的内容，重点讲述安全技术和安全知识，并经考试合格，方可上岗。

事故案例 2 未按规定执行设备定期试验轮换制度

一、事件经过

2013 年 7 月 14 日 11 时 5 分，110kV×× 变电站发生站用变压器接地故障。由于设备缺陷，此变电站运行时只有一台站用变压器满足正常运行条件，交流失电后蓄电池组工作带全站站用负荷。11 时 35 分，运维人员来到 110kV×× 变电站，发现主控室事故照明灯不亮，直流屏显示蓄电池电压偏低的现象。11 时 50 分，检修班组赶到 110kV×× 变电站，了解现场情况并仔细检查后，发现时事故照明切换开关存在缺陷，需外力触碰才能完成交流供电转直流供电。12 时 20 分，故障及时解除，并未造成重大电网事故。后经检查发现，110kV×× 变电站蓄电池组若干只蓄电池存在容量不够、内阻不合格的情况。检查事故照明切换试验情况及设备缺陷记录，缺失试验卡，缺陷记录也未有此缺陷。

二、暴露的主要问题及违章条款

（1）变电站事故照明切换存在缺陷，却无任何纸质记录和缺陷报告。符合《安全生产典型违章300条》第187条："不按规定执行设备定期试验轮换制"。

（2）变电站蓄电池组存在电池容量损耗下降，内阻不合格的缺陷，却未有任何缺陷记录及维护记录。符合《安全生产典型违章300条》第204条："蓄电池未定期开展充放电和内阻测试"；违反《国家电网公司无人值守变电站运维管理规定》第七十四条："变电站定期维护项目包括对一、二次设备、在线监测装置、备用电源、通风系统、消防、照明、安防等辅助设施的轮换、试验、检查以及对房屋、围墙等土建设施的检查等内容"。

三、应吸取的教训及防范措施

（1）运维人员工作责任心不强，设备轮换试验记录和蓄电池充放电记录与实际现场情况不一致，工作浮于表面，应付检查，没有认真承担运维人员应该承担的责任。运维人员应严格执行"两票三制"，严格按照作业指导书定期进行设备轮换试验，真实填写相关记录，严禁未做、少做设备定期轮换试验。

（2）管理人员没有切实担负管理责任，对班组工作的检查流于形式，没有及时发现违章问题，没有在发现问题时及时纠正制止，负有重大领导责任。管理人员应认真检查设备轮换记录和蓄电池充放电记录等变电站例行维护记录及重要检查维护工作的真实性，对存在弄虚作假的行为要严格纳入考核。

（3）没有意识到设备定期轮换试验的重要性，没有风险评估观念，安全意识淡漠。所有运维人员均应提高对设备维护重要性的认知，强化安全观念和风险意识。

事故案例 3 不按规定更换开关端子箱加热器空气开关

一、事件经过

2013 年 3 月 8 日，×× 供电公司变电运维 ×× 班李 ××、张 ×× 到 35kV×× 变电站 35kV 场地，根据作业卡流程进行 35kV 分段 330 开关端子箱加热器空气开关更换工作，当取下加热器空气开关后，李 ×× 认为很快就将该空气开关更换完毕，觉得包扎二次线麻烦，没有必要，小心一点不会出问题，张 ×× 也未提出异议。在更换空气开关过程中不小心造成 L 相和 N 相短路，导致李 ×× 右手灼伤，站用电屏 35kV 场地照明电源总空气开关跳闸。

二、暴露的主要问题及违章条款

（1）李 ××、张 ×× 在更换空气开关过程中，未严格执行工艺工序卡。符合《安全生产典型违章 300 条》第 214 条："现场施工作业未按《标准化作

业指导书》《现场工艺工序标准卡》执行”。

（2）张 ×× 作为监护人，对于李 ×× 不包扎二次线的行为不制止。符合《安全生产典型违章 300 条》第 27 条：“对违章不制止、不纠正”。

（3）二次回路工作中，为防止短路，二次线的包扎是重要的一项步骤，李 ××、张 ×× 在工作中不包扎二次线。符合《安全生产典型违章 300 条》第 231 条：“二次回路施工作业中，该拆除的二次回路未拆除、拆除线未包扎”。

三、应吸取的教训及防范措施

（1）加强运维人员对二次回路相关知识培训，提高运维人员对设备二次设备工作安全措施必要性的认识。

（2）加强各类工作中工艺工序卡、标准化作业指导书的执行力度，防止不按照工作流程及标准进行工作造成事故发生。

（3）管理人员加强对各类工作现场的督察和违章纠正。

事故案例4 导通测试时擅自拆除运行设备的接地片

一、事件经过

2013年11月22日8时30分，××供电公司变电运维人员王×、杨××在110kV××变电站开展地网导通测试。在测量110kV××线断路器接地片导通电阻时，杨××发现该接地片严重锈蚀，测得电阻值过大，不满足要求。由于接地片紧贴设备混凝土支柱，为了方便去除铁锈，杨××决定将接地片螺丝解开。在接地片拆除的一瞬间，悬浮电位放电，将杨××烧伤。

二、暴露的主要问题及违章条款

（1）擅自拆除运行设备的接地片，使运行中的电气设备外壳失去接地。符合《安全生产典型违章300条》第278条：“电气设备外壳未接地或接地不规范”。

（2）王 × 对杨 × × 的违章行为并未制止，违反变电《安规》第 4.5 条："任何人发现有违反本规程的情况，应立即制止，经纠正后才能恢复作业"。

三、应吸取的教训及防范措施

（1）运行中的电气设备外壳应时刻保持可靠接地，如确需拆除接地片，应先建立有效的旁路接地。

（2）在工作中应加强相互之间的监督，及时制止对方的违章行为。

事故案例 5 红外测温时未与带电设备保持足够的安全距离

一、事件经过

2013 年 12 月 22 日，×× 供电公司变电运维人员何 ×、刘 ×× 开展 110kV×× 变电站 10kV 开关柜红外测温工作。该站 10kV 开关柜为 GG1A 型，10kV 母线位于开关柜顶端，未封闭。何 × 发现 10kV 母线上似乎有异常发热点，但由于受到柜体顶部框架和设备遮挡，测不清楚，于是叫刘 ×× 抬来凳子，站在凳子上面进行测量。在测量过程中，何 × 只顾观察发热点，未注意自己的手臂与开关柜上部带电隔离开关（刀闸）的距离，最终因距离过近，引发触电，何 × 严重烧伤。

二、暴露的主要问题及违章条款

（1）在工作过程中未能与带电设备保持安全距离。违反变电《安规》第

5.1.4 条对设备不停电时的安全距离要求：“10kV 安全距离不小于 0.7m”；符合《安全生产典型违章 300 条》第 119 条：“巡视或检修作业，工作人员或机具与带电体不能保持规定的安全距离”。

（2）何 × 对现场设备的接线方式及带电部位不清楚，盲目工作，违反变电《安规》第 5.1.1 条：“运维人员应熟悉电气设备”。

三、应吸取的教训及防范措施

（1）运维人员应熟悉电气设备，并与带电设备保持足够的安全距离。

（2）完善巡视测温工作的危险点分析及防范措施，两人一起工作时，监护人要尽到责任，确保工作人员的安全。

事故案例 6 清扫合并单元端子排造成光纤折断

一、事件经过

2012年6月15日，××供电公司变电运维人员在110kV××智能变电站内端子箱清扫某合并单元端子接口排时，由于认识不到位，不清楚合并单元端子接口排有光纤线路连接，按照常规变电站电缆连接式的端子排清扫方式进行清扫，用力偏大造成其中一根光纤折断，致使相应间隔保护装置及后台监控机报光纤断线闭锁信号。

二、暴露的主要问题及违章条款

运维人员对智能变电站保护屏、合并单元、智能终端等装置的学习认识不够，对智能变电站装置不熟悉。违反变电《安规》第5.1.1条："运维人员应熟悉电气设备"。

三、应吸取的教训及防范措施

（1）运维人员在进行智能变电站的维护工作时，要知晓智能变电站与常规变电站的各类不同，需特别小心谨慎进行维护工作，并高度重视智能变电站设备特别是二次设备的技术和运维管理。

（2）针对运维人员对智能变电站运维经验的欠缺以及水平的不足，运维单位要加强智能变电站的安全管理，开展智能变电站设备运行操作及异常处置等专题培训，进一步提升运维人员、检修人员、专业管理人员对智能变电站设备和技术的掌握程度，切实提高智能变电站安全运行水平。

事故案例 7 未及时发现温湿度控制器发热缺陷导致开关跳闸

一、事件经过

2014 年 3 月 5 日 6 时 54 分，运维人员接到省调监控通知，500kV×× 变电站 220kV×× 二线加热器电源失电报警，在运维人员检查过程中，6 时 59 分，省调监控又通知 500kV×× 变电站 220kV×× 二线 265 开关跳闸。监控机后台信息显示：220kV×× 二线 265 开关跳闸，265 开关在分位，电流电压无指示、第一、二组控制回路断线，低油压分闸闭锁，低油压合闸闭锁，低油压重合闸闭锁，非全相跳闸，1 号线路保护“单相偷跳启动重合”。后经运维人员现场检查，发现 220kV×× 二线 265 开关汇控柜内温湿度控制器自燃、联锁继电器烧毁、部分屏内配线电缆绝缘燃烧受损，柜内信号回路、控制回路功能失效。

二、暴露的主要问题及违章条款

（1）220kV×× 二线 265 开关汇控柜内温湿度控制器外壳及底座均未采用阻燃性材料，其内部元件故障起火燃烧导致 265 开关二次控制回路功能紊乱（220kV GIS 主设备未受损，未对其他回路造成影响），是造成本次事件的直接原因。

（2）设备运维不到位，温湿度控制器发热未发现。符合《安全生产典型违章 300 条》第 242 条："未按规定开展接地电阻测试、红外测温、负荷测试等日常运维工作，未建立相关记录"。

（3）违反《国网四川省电力公司重要变电站管理实施细则》第七十四条："带电检测的设备范围主要包括变压器、组合电器、断路器、隔离开关（刀闸）、互感器耦合电抗器、避雷器、穿墙套管、高压电缆、开关柜、电容器、电抗器及其他相关二次设备等"。

三、应吸取的教训及防范措施

（1）设备红外成像必须严格执行，所有设备、间隔不能有疏漏，且应与同型号设备的测温情况进行对比分析。禁止任何弄虚作假行为，对有发热缺陷的图片应妥善保存，并根据缺陷情况报告相关检修班组处理。

（2）对各变电站各个间隔断路器机构箱内温湿度控制器接线回路进行详细检测，检查是否存在接线压接不良现象；如有接线压接不良现象，检查压接端子处是否存在元件及端子接线处导线绝缘层因过热变形变色现象；若电气元件及导线绝缘层无变形变色现象，则紧固接线端子；若存在变形变色现象，则需更换新元件。

事故案例 8 未正确处理直流接地故障导致开关跳闸

一、事件经过

2014 年 10 月 8 日 19 时 2 ~ 53 分，500kV × × 站主控后台先后 4 次监控发全站公用直流屏 1、2 号主馈线柜直流接地信号和复归信号。现场值班人员立即开展现场巡视，通过绝缘监察巡检仪发现 Ⅰ 段直流正接地发生在 500kV 5031、5032、5033 开关测控屏回路，Ⅱ 段直流负接地发生在 5033 断路器保护屏回路上。由于当时两段母线均出现接地，值班员为了避免出现直流接地造成开关误动或拒动，汇报省调监控，对 500kV 5031、5032、5033 开关测控屏回路进行拉路查找，如能确认 Ⅰ 段直流接地在该回路，则计划将这个接地点从直流系统中暂时脱离，于是对 5033 断路器测控装置、5032 断路器测控装置、5031 断路器测控装置电源空气开关分别进行了试拉，Ⅰ 段直流接地未消除；20 时 1 分，拉开直流分屏上 5031、5032、5033 开关测控屏总电源空气开关，20 时 1 分 38s，5033 开关跳闸、5033 断路器位置不一致信号发出、两段直流接地信号均复归、5033 断路器位置不一致信号复归。

后经检修人员检查发现，5033 段子箱内某个闭锁继电器底座有裂纹，且信号回路用的接点与操作回路用的接点之间有污染物存在，两组接点的绝缘低。运行人员在发现直流 Ⅰ 段有正接地、Ⅱ 段有负接地现象时，对系统进行拉路操作，在拉开 51 小室直流 Ⅰ 段馈线屏上“5031、5032、5033 开关测控柜电源 Ⅰ”总空气开关后，测控装置上的电源自动将信号电源由 Ⅰ 段直流切至 Ⅱ 段直流上，导致 5033 开关 Ⅱ 段上的信号直流正极窜入 Ⅱ 段上的操作回路，使跳圈动作跳闸。

二、暴露的主要问题及违章条款

（1）在直流接地发生时，现场运行人员查找故障的方法和控制措施不完善，对装置不熟悉，忽视了测控装置上双电源自动转换装置在Ⅰ段直流电源消失后，可快速切换至Ⅱ段直流电源的功能。拉开Ⅰ段直流，切换装置将自动启用Ⅱ段直流，接地点不会消失，且会转移到Ⅱ段直流上，使Ⅱ段直流上产生多点接地。违反变电《安规》第5.1.1条："运维人员应熟悉电气设备"。

（2）对设备的运行维护还有待进一步加强，本次跳闸暴露出设备检修预试还应进一步做细，应改加强在C类检修时对断路器的各电气元件的清查工作，确保元器件工作正常。

三、应吸取的教训及防范措施

（1）加强理论知识的学习。提高对问题的分析能力，特别是特殊情况下问题的分析处理能力，本次跳闸属于由直流两点接地的特殊情况引起，应加强理论分析，避免同一段直流系统上两点接地情况发生。

（2）明确直流接地故障查找的基本原则、方法、主要危险点，明确请示汇报的流程，并开展现场培训，提高运行人员处置技能。

（3）开展隐患排查，对所有同型号的断路器机构进行排查，检查其他继电器是否同样存在底座破裂的情况。